青少年 自然灾害 知识读本

了解自然，掌握自然灾害知识提高自我保护能力

学生科普
重点推荐

地震防范与自救

了解自然灾害预防与自救知识，
提高自我保护意识，增强自我保护能力
运用知识、技巧、沉着冷静地化解危机

玮　珏◎编著

河北出版传媒集团
河北科学技术出版社

图书在版编目(CIP)数据

地震防范与自救 / 玮珏编著. --石家庄：河北科学技术出版社, 2013.5(2021.2重印)
　　ISBN 978-7-5375-5842-6

Ⅰ.①地… Ⅱ.①玮… Ⅲ.①地震预防-青年读物②地震预防-少年读物③地震灾害-自救互救-青年读物④地震灾害-自救互救-少年读物 Ⅳ.①P315.9-49

中国版本图书馆 CIP 数据核字(2013)第 095503 号

地震防范与自救
dizhen fangfan yu zijiu
玮珏　编著

出版发行	河北出版传媒集团	
	河北科学技术出版社	
地　　址	石家庄市友谊北大街330号(邮编:050061)	
印　　刷	北京一鑫印务有限责任公司	
经　　销	新华书店	
开　　本	710×1000　1/16	
印　　张	13	
字　　数	160千字	
版　　次	2013年5月第1版	
	2021年2月第3次印刷	
定　　价	32.00元	

前言 Foreword

虽然200年的汶川地震已经过去多年,大多数人的记忆还保留着有关那场惊天灾难的悲痛画面,地震后的许多家庭依旧停留在失去亲人的悲痛中,不知道什么时候能走出去,可是,地震并没因人类的悲痛而停止对其伤害,就在2013年4月20日,距离汶川地震(2008年5月12日)5周年不到一个月的时间里,四川省雅安市芦山县发生7.0级地震,让人们再一次见识到地震的无情。

在地震面前,我们一次又一次见识到生命的脆弱与珍贵,学会珍惜自己身边的亲人。与此同时,我们也要认识到应该加强对地震知识的普及,尤其是关于地震灾害防护与自救方面,只有掌握牢固防护知识,当意外的灾难突然降临,我们才知道如何去保护好自己和所爱的人的生命。

要知道,自古至今,自然灾害从来没有停歇,而且无处不在。在它面前,人类从来都是脆弱的一方,没有能力阻止它的发生。在这防不胜防的灾难面前,人类总是恐惧、绝望、哭泣、尖叫,却忘了眼下最重要的事情是紧急自救。

前言
Foreword

　　掌握了丰富的地震防护与自救知识，可以帮助我们在灾难面前保持从容和冷静，并运用那些知识，迅速做出判断，及时采取行动帮助自己和亲人逃离危险或者是想办法将地震伤害降至最低。也许有人会说，我不怕，我们这里从来都没地震，但是你要知道，地震是一种普遍存在的地质灾害，连地震专家都不能在地图上画个圈，说这里一定不会发生地震。另外，人总要外出旅游、出差，我们不能保证地震一定不在你出行期间爆发，所以说，我们千万不要掉以轻心。

　　真心希望你能够在闲暇时读一下这本关于地震自救的实用书籍，或许有一天它将帮助你及时发现险情，找到逃生之路。要知道，你的家人和你自己的生命，可能就因为平时的这点知识储备而能够逃离危险。

第一章 天塌地陷的地震

地震概述 …………………………………………… 2
认识地震 …………………………………………… 5
地震的特点和成因 ………………………………… 7
地震的类型 ………………………………………… 9
地震的震级 ………………………………………… 11
地震的烈度 ………………………………………… 13
地震的规律 ………………………………………… 15
地震波的类型特征 ………………………………… 18
地震的序列和深浅 ………………………………… 21
影响地震破坏力大小的因素 ……………………… 23
地震带 ……………………………………………… 25
地震造成的危害 …………………………………… 30
地震灾害的特点 …………………………………… 33

目录

地震地声 …………………………………… 39

地震湖 ……………………………………… 40

地震海啸 …………………………………… 42

地震地光 …………………………………… 44

有关地震的记载 …………………………… 45

二十世纪以来的最强地震 ………………… 50

世界上最不容易发生地震的地方 ………… 58

世界上最容易发生地震的地方 …………… 59

世界上财产损失最大、引起最大火灾的地震 ……… 60

水库蓄水引发地震 ………………………… 61

第二章　地震的预测

世界上第一台地动仪 ……………………… 64

地震预报 …………………………………… 65

地震前的先兆 ……………………………… 67

不可准确预测的地震 …………………………… 77
地震预测的难题 ………………………………… 79
我国鹫峰地震台 ………………………………… 81
地震能预报吗 …………………………………… 83
如何监测地震 …………………………………… 85
气象与地震的关系 ……………………………… 87
现代地震仪 ……………………………………… 89
地震监测台网的用途 …………………………… 92
地震预兆的民谣 ………………………………… 94

第三章　防震和震前躲避

如何做好地震前预防 …………………………… 98
临震要做哪些应急准备 ………………………… 102
抓紧时机，科学避震 …………………………… 104
地震时的避震原则 ……………………………… 108

震时逃生常犯的错误 …………………………………… 111
地震来临时的逃生地点 ………………………………… 113
地震时的避险技巧 ……………………………………… 115
家庭防震 ………………………………………………… 116
做好日常的防震演习 …………………………………… 121

第四章　地震中的自救与互救

地震时如何自救 ………………………………………… 124
地震时要注意哪些 ……………………………………… 126
震后脱困 ………………………………………………… 130
震后如何互救 …………………………………………… 133
施救和护理 ……………………………………………… 134
地震自救四大法宝 ……………………………………… 135
地震中注意保护身体的重要部位 ……………………… 137
被埋压后的自救 ………………………………………… 139

目录

在黑暗中应该怎么办 ………………………………… 141
伤情的自我处理 ……………………………………… 142
埋在废墟中如何应对余震 …………………………… 145
自己脱险后要及时救助他人 ………………………… 147
震后救人的步骤 ……………………………………… 150
抢救伤员时要注意的事项 …………………………… 152
现场急救处理 ………………………………………… 154
创伤现场急救四大技术 ……………………………… 160
包扎方法 ……………………………………………… 162

第五章　历史上的重大地震

1303 年山西洪洞地震 ………………………………… 168
1556 年陕西华县地震 ………………………………… 170
1739 年宁夏平罗地震 ………………………………… 171
1902 年新疆阿图什地震 ……………………………… 173

1906年美国旧金山大地震 …………………………… 174

1923年日本关东大地震 ……………………………… 176

1933年四川叠溪地震 ………………………………… 178

1950年西藏察隅地震 ………………………………… 180

1960年智利大地震 …………………………………… 182

1970年秘鲁钦博特大地震 …………………………… 185

1976年河北唐山地震 ………………………………… 187

1985年墨西哥大地震 ………………………………… 189

1988年亚美尼亚大地震 ……………………………… 192

1999年台湾9·21大地震 …………………………… 194

2008年四川汶川大地震 ……………………………… 196

2011年东日本大地震 ………………………………… 197

第一章

天塌地陷的地震

地震概述

地震是地球内部介质局部发生急剧的破裂,产生地震波,从而在一定范围内引起地面振动的现象。大地振动是地震最直观、最普遍的表现。

地球的结构就像鸡蛋,可分为三层。中心层是"蛋黄"——地核,中间层是"蛋清"——地幔,外层是"蛋壳"——地壳。地震一般发生在地壳之中。地球在不停地自转和公转,同时地壳内部也在不停地变化。由此而产生力的作用,使地壳岩层变形、断裂、错动,于是便发生了地震。

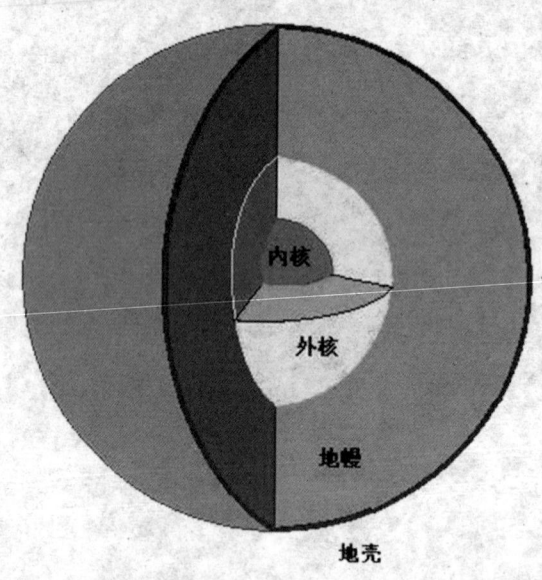

地震波发源的地方,叫做震源。震源在地面上的垂直投影,地面上离震源最近的一点称为震中。它是接受振动最早的部位。震中到震源的深度叫做震源深度。通常将震源深度小于70千米的叫做浅源地震,深度在70~300千米的叫做中源地震,深度大于300千米的叫做深源地震。对于同样大小的地震,由于震源深度不一样,对地面造成的破坏程度也不一样。震源越浅,破坏越大,波及范围也越广,反之越小。

同样大小的地震,造成的破坏不一定相同;同一次地震,在不同的地方造成的破坏也不一样。为了衡量地震的破坏程度,科学家又"制作"了另一把

"尺子"——地震烈度。在中国地震烈度表上，对人的感觉、一般房屋震害程度和其他现象作了描述，可以作为确定烈度的基本依据。影响烈度的因素有震级、震源深度、距震源的远近、地面状况和地层构造等。

一般情况下仅针对烈度和震源、震级间的关系而言，震级越大震源越浅，烈度也越大。一般来讲，一次地震发生后，震中区的破坏最重，烈度最高；这个烈度称为震中烈度。从震中向四周扩展，地震烈度逐渐减小。

所以，一次地震只有一个震级，但它所造成的破坏，在不同的地区是不同的。也就是说，一次地震，可以划分出好几个烈度不同的地区。这与一颗炸弹爆炸后，近处与远处破坏程度不同的道理一样。炸弹的炸药量，相当于震级；炸弹对不同地点的破坏程度，相当于烈度。

世界各国使用不同的烈度表，中国把烈度划分为12度，不同烈度的地震，其影响和破坏大体如下：

小于3度时，人无感觉，只有仪器才能记录到；

3度时，在夜深人静时人有感觉；

4～5度时，睡觉的人会被惊醒，吊灯摇晃；

6度时，器皿倾倒，房屋轻微损坏；

7～8度时，房屋受到破坏，地面出现裂缝；

9～10度时，房屋倒塌，地面破坏严重；

11～12度时，毁灭性的破坏。

例如，1976年唐山地震，震级为7.8级，震中烈度为11度；受唐山地震的影响，天津市地震烈度为8度，北京市烈度为6度，再远到石家庄、太原等就只有4～5度。

地震所引起的地面振动是一种复杂的运动，它是由纵波和横波共同作用的结果。在震中区，纵波使地面上下颠动，横波使地面水平晃动。由于纵波传播速度较快，衰减也较快；横波传播速度较慢，衰减也较慢，因此离震中较远的地方，往往感觉不到上下跳动，但能感到水平晃动。1960年智利大地震时，最大的晃动持续了3分钟。地震造成的灾害首先是破坏房屋和构筑物，造成人畜的伤亡，如1976年中国河北唐山地震中，70%~80%的建筑物倒塌，人员伤亡惨重。

地震对自然界景观也有很大影响。最主要的后果是地面出现断层和地裂缝。大地震的地表断层常绵延几十至几百千米，往往具有较明显的垂直错距和水平错距，能反映出震源处的构造变动特征。但并不是所有的地表断裂都直接与震源的运动相联系，它们也可能是由于地震波造成的次生影响。特别是地表沉积层较厚的地区，坡地边缘、河岸和道路两旁常出现地裂缝，这往往是由于地形因素，在一侧没有依托的条件下晃动使表土松垮和崩裂。地震的晃动使表土下沉，浅层的地下水受挤压会沿地裂缝上升至地表，形成喷沙冒水现象。

地震能使局部地形改观，或隆起，或沉降。使城乡道路坼裂、铁轨扭曲、桥梁折断。在现代化城市中，由于地下管道破裂和电缆被切断造成停水、停电和通信受阻。煤气、有毒气体和放射性物质泄漏可导致火灾和毒物、放射性污染等次生灾害。在山区，地震还能引起山崩和滑坡，常造成掩埋村镇的惨剧。崩塌的山石堵塞江河，在上游形成地震湖。1923年日本关东大地震时，神奈川县发生泥石流，顺山谷下滑，远达5千米。

认识地震

地震（又称地动、地振动）是地壳快速释放能量过程中造成振动，期间会产生地震波的一种自然现象。

超级地震指的是震波极其强烈的大地震。但其发生占总地震7%～21%，破坏程度是原子弹的数倍，所以超级地震影响十分广泛，也十分具有破坏力。

地震是地球内部介质局部发生急剧的破裂，产生震波，从而在一定范围内引起地面振动的现象。地震（earthquake）就是地球表层的快速振动，在古代又称为地动。它就像海啸、龙卷风、冰冻灾害一样，是地球上经常发生的一种自然灾害。大地振动是地震最直观、最普遍的表现。在海底或滨海地区发生的强烈地震，能引起巨大的波浪，称为海啸。地震是极其频繁的，全球每年发生地震约550万次。

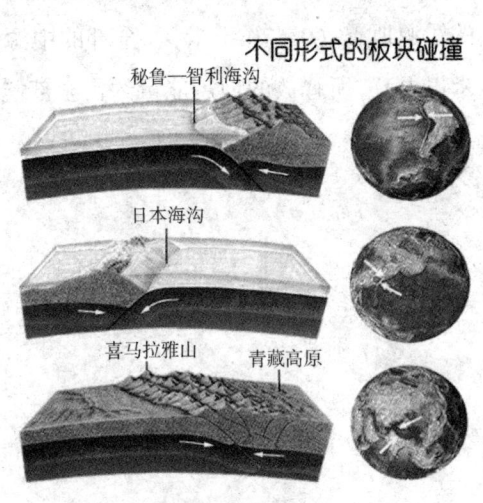

不同形式的板块碰撞

秘鲁—智利海沟

日本海沟

喜马拉雅山　青藏高原

破坏性地震的地面振动最剧烈处称为极震区，极震区往往也就是震中所在的地区。

某地与震中的距离叫震中距。震中距小于100千米的地震称为地方震，为100～1000千米的地震称为近震，大于1000千米的地震称为远震，其中，震中距越长的地方受到的影响和破坏越小。

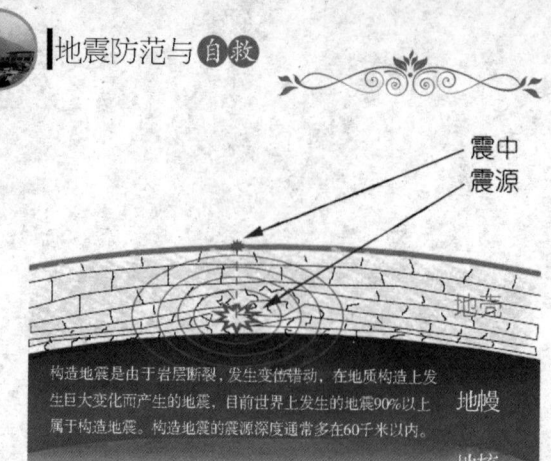

当某地发生一个较大的地震时,在一段时间内,往往会发生一系列的地震,其中最大的一个地震叫做主震,主震之前发生的地震叫前震,主震之后发生的地震叫余震。

地震具有一定的时空分布规律。

从时间上看,地震有活跃期和平静期交替出现的周期性现象。

从空间上看,地震的分布呈一定的带状,称地震带,主要集中在环太平洋和地中海—喜马拉雅山两大地震带。太平洋地震带几乎集中了全世界80%以上的浅源地震(0~70千米),全部的中源(70~300千米)和深源地震(300千米以上),所释放的地震能量约占全部能量的80%。

地震的特点和成因

地震相关概念

我们都知道地震是一种地壳快速而又剧烈的运动。因此，我们首先要了解一下有关地震的几个概念。

1. 震源

震源是指地震波发源的地方。

2. 震中

震中是指震源在地面上的垂直投影。

3. 震中区（极震区）

震中区是指震中及其附近的地方。

4. 震中距

震中距是指震中到地面上任意一点的距离。

5. 地方震

地方震是指震中距小于或等于100千米的地震。

6. 近震

近震是指震中距为100~1000千米的地震。

7. 远震

远震是指震中距在1000千米以上的地震。

8. 地震波

地震波是指在发生地震时，地球内部出现的弹性波。其中，地震波又分为体波和面波两大类。

构造地震成因

地球上板块与板块之间相互挤压碰撞，造成板块边沿及板块内部产生错动和破裂，是引起构造地震的主要原因。多数大地震发生在岩石层（圈）板块边缘的断层上，各板块间相对运动是造成大地震的主要原因。但也有不少地震发生在板块内部，叫做板内地震。由于陆地人口稠密，板内地震造成的人员伤亡和财产损失往往十分巨大。1556年中国陕西关中大地震和1976年唐山大地震均属于板内地震。

现在，地震成因以断层成因说最为人所接受。

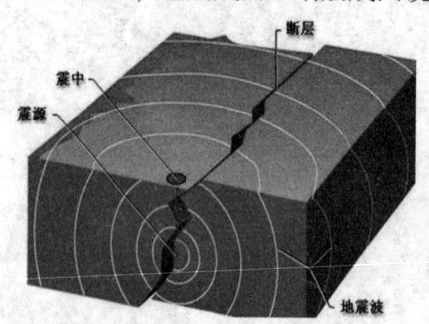

地下岩石受到长期的构造作用积累了应变能。当积累的能量超过一定限度时，地下岩层突然破裂，形成断层；或者是沿已有的断层发生突然的错动，释放出很大的能量，其中一小部分以地震波的形式传播出去，形成地震。关于地震成因的这种认识，是美国人里德（H. F. Reid）研究1906年旧金山大地震后提出来的。旧金山地震发生在太平洋板块和北美板块的边界——圣安德烈斯断层上。震前断层西侧以缓慢速度向北运动，地震时断层西盘急速地向北滑动。旧金山以南大约400千米断层平均滑动距离为3.6米。而且，地震前后位移变化大的区域仅限于离断层30千米以内的两侧地区。据此，里德提出了地震成因的弹性回跳学说。假定最初岩石是没有变形的，随着板块的连续运动，断层两侧岩石发生了变形，一旦发生地震后，两侧岩石又分别跳回到未变形时的状态。这种弹性回跳学说形象地说明了断层运动造成地震的过程。

地震的类型

地震分为天然地震和人工地震两大类。此外，某些特殊情况下也会产生地震，如大陨石冲击地面（陨石冲击地震）等。引起地球表层振动的原因很多，根据地震的成因，可以把地震分为以下几种。

构造地震

由于地下深处岩石破裂、错动把长期积累起来的能量急剧释放出来，以地震波的形式向四面八方传播出去，到地面引起的房摇地动称为构造地震。这类地震发生的次数最多，破坏力也最大，占全世界地震的90%以上。

火 山 地 震

由于火山作用，如岩浆活动、气体爆炸等引起的地震称为火山地震。只有在火山活动区才可能发生火山地震，这类地震只占全世界地震的7%左右。

塌 陷 地 震

由于地下岩洞或矿井顶部塌陷而引起的地震称为塌陷地震。这类地震的规模比较小，次数也很少，即使有，也往往发生在溶洞密布的石灰岩地区或大规模地下开采的矿区。

诱 发 地 震

由于水库蓄水、油田注水等活动而引发的地震称为诱发地震。这类地震仅仅在某些特定的水库库区或油田地区发生。

人类的爆破活动引发的地震

是由地下核爆炸、炸药爆破等人为引起的地面振动。

地震的震级

震　级

地震的级别是根据地震时释放的能量的大小而定的。是鞭炮级的，还是手榴弹级的，还是炮弹级的，还是原子弹级的，还是氢弹级的，所释放的能量通过测定可以计算出来。一次地震释放的能量越多，地震级别就越大。目前人类有记录的震级最大的地震是1960年5月22日智利发生的9.5级地震，所释放的能量相当于一颗1800万吨炸药量的氢弹，或者相当于一个100万千瓦的发电厂40年的发电量。这次汶川地震所释放的能量大约相当于90万吨炸药量的氢弹，或100万千瓦的发电厂2年的发电量（估算，仅供参考）。

地震级别M与所释放的能量E的关系式如下：

$lg E = 4.8 + 1.5M$

1级地震所释放的能量为2×10^6 J（J是能量单位）。每提高一级，能量大约增加31倍。

地震级别的测量与计算是美国地震学家里克特在1935年提出来的，所以在说地震级别时常说"里氏"多少多少级地震。

震级是如何划分的

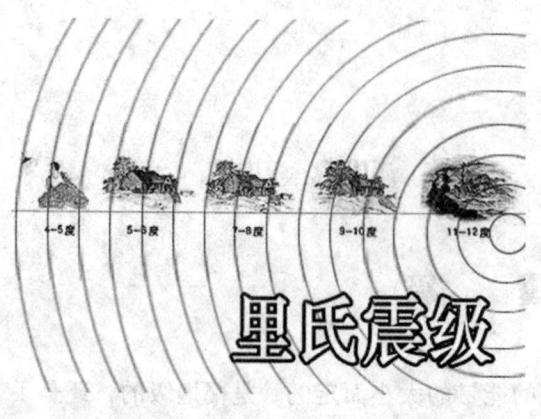

震级是指地震的大小，是表征地震强弱的量度，是根据地震仪测定的每次地震活动释放的能量多少来确定的。震级通常用字母 M 表示。我国目前使用的震级标准，是国际上通用的里氏分级表，共分 9 个等级。通常把小于 2.5 级的地震叫小地震，2.5～4.7 级的地震叫有感地震，大于 4.7 级的地震称为破坏性地震。震级每相差 1.0 级，能量相差大约 30 倍；每相差 2.0 级，能量相差约 900 多倍。比如说，一个 6 级地震释放的能量相当于美国投掷在日本广岛的原子弹所具有的能量。一个 7 级地震相当于 32 个 6 级地震，或相当于 1000 个 5 级地震。

按震级大小可把地震划分为以下几类：

弱震震级小于 3 级。

有感地震震级等于或大于 3 级，小于或等于 4.5 级。

中强震震级大于 4.5 级，小于 6 级。

强震震级等于或大于 6 级。其中震级大于等于 8 级的又称为巨大地震。

地震的烈度

在世界各国使用的有几种不同的烈度表。西方国家比较通行的是改进的麦加利烈度表，简称 M.M. 烈度表，从1度到12度共分12个烈度等级。日本将无感定为0度，有感则分为Ⅰ至Ⅶ度，共8个等级。前苏联和中国均按12个烈度等级划分烈度表。中国1980年重新编订了地震烈度表。

1度：无感——仅仪器能记录到；

2度：微有感——一个特别敏感的人在完全静止中有感；

3度：少有感——室内少数人在静止中有感，悬挂物轻微摆动；

4度：多有感——室内大多数人，室外少数人有感，悬挂物摆动，不稳器皿作响；

5度：惊醒——室外大多数人有感，家畜不宁，门窗作响，墙壁表面出现裂纹；

6度：惊慌——人站立不稳，家畜外逃，器皿翻落，简陋棚舍损坏，陡坎滑坡；

7度：房屋损坏——房屋轻微损坏，牌坊、烟囱损坏，地表出现裂缝及喷沙冒水；

8度：建筑物破坏——房屋多有损坏，少数破坏路基塌方，地下管道破裂；

9度：建筑物普遍破坏——房屋大多数破坏，少数倾倒，牌坊、烟囱等崩塌，铁轨弯曲；

10度：建筑物普遍摧毁——房屋倾倒，道路毁坏，山石大量崩塌，水面大浪扑岸；

11度：毁灭——房屋大量倒塌，路基堤岸大段崩毁，地表产生很大变化；

12度：山川易景——一切建筑物普遍毁坏，地形剧烈变化，动植物遭毁灭。

地震的规律

板块构造说是20世纪60年代提出的一种地质学理论，认为板块之间的相互作用是地震的基本成因。地震的震源深度与板块边界有密切的关系。

板块的碰撞引起地震

1965年，加拿大著名地球物理学家威尔逊首先提出"板块"概念，1968年法国地质学家勒皮雄与麦肯齐、摩根等人提出了板块构造学说。它是大陆漂移、海底扩张等地质理论的综合与延伸。

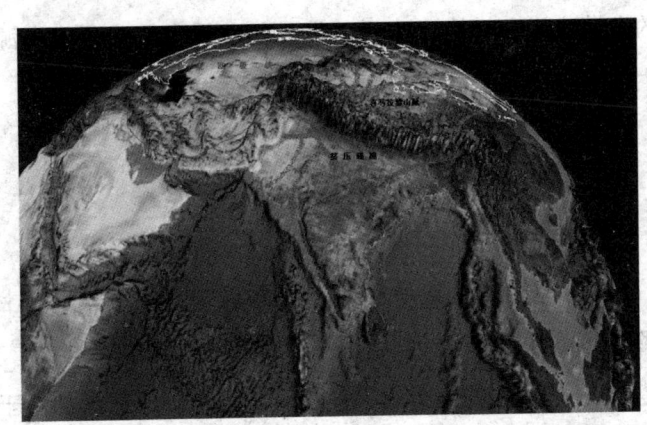

岩石圈是地球的表层，薄而坚硬，岩石圈下面是软流圈。根据板块构造学说，全球岩石圈可分成七大板块，即欧亚、太平洋、北美洲、南美洲、印度洋、非洲和南极洲板块，认为包括地壳在内的岩石圈板块有垂直和水平运动，相邻

板块之间可发生碰撞、挤压和错动等相对运动,这就给构造地震的成因提供了动力来源。

根据地震带的分布及其他标志,人们进一步划出纳斯卡板块、科科斯板块、加勒比板块、菲律宾海板块等次一级板块。

板块与板块的交界处,是地壳活动比较活跃的地带。但对板块内部的地震,目前尚无比较合理的解释。

震源深度与板块边界

按照板块的相对运动方式,板块的边界可分为分离型、汇聚型和剪切型(错动型)边界三种类型。分离型板块边界是板块相互拉张的地区,在地貌上表现为大陆裂谷、大洋中脊等。汇聚型板块边界是板块相互挤压的地区,主要以岛弧—海沟为代表。汇聚型边界有两种类型,即俯冲边界和碰撞边界。剪切型板块边界是两个板块互相摩擦的地区。

地球内发生地震的地方称为震源。地震的震源深度与板块边界有密切的关系。在板块的发散边界和转换型边界,发生的地震多是浅源或中源的;而在汇聚边界,发生的地震则多是深源的。

"断层说"

"断层说"认为地震的直接原因是岩层的破裂,主要以"弹性回跳假说"为基础来解释地震成因。"弹性回跳假说"是美国地震学家里德于1910年提出的。其背景是1906年美国的旧金山大地震。观点是:地球深部由于应力的积累使地震活动区岩石产生弹性变形,当变形渐渐加大,内部不断积累的能量超过岩石强度时,岩层破裂,原来形变中蕴涵的弹性能量释放出来,从而形成地震。这一理论基于岩石的弹性变形机制,即加力时岩石产生体积和形状变化,当力移走时其将弹回到它们的原状。

地球上绝大多数地震都是由地壳内部构造变动引起的，称作构造地震。此外，还有少数地震是由火山爆发、溶洞塌陷等原因而发生的。对于浅源的构造地震，断层说是至今唯一比较合理的解释。

"岩浆冲击说"和"相变成因说"

"岩浆冲击说"认为，有许多地震是由于地下岩石导热不均，部分熔融体积膨胀，相互冲击，产生巨大的热应力而产生的。对于火山地震，这一假说易于理解；但对于一般构造地震，岩浆活动的迹象就不明显了。

"相变成因说"认为，地下物质在一定临界温度和压力下，会产生相变，在相变中发生密度变化，从而引起物质体积的突然改变，引起地震。

地震波的类型特征

地震波就是由地震震源向四处传播的振动。地震波能带来很多地球内部的信息，研究地震波所带来的信息，科学家了解了地球内部的结构和物质组成，所以，地震学家迦里津说："可以把一次地震比为一盏灯，它点燃的时间很短，却为我们照亮了地球的内部，使我们了解到在地球内部发生了些什么……"

地震波是一种机械运动的传播，产生于地球介质的弹性。它的性质和声波很相近，因此也叫做地声波，不过普通的声波是在气体中传播的，而地震波是在地球介质中传播的，所以要复杂得多。

地震是以波的形式从震源向四周传播的，这种由地震而产生的波叫做地震波。地震波是一种弹性波。根据其传播特点，地震波可分为两种：体波和面波。

体波又可为分纵波（P波）和横波（S波）。

纵波和横波地震波到达之处，介质就产生了形变。由力学定律知道，任何小的形变都可以分解为两部分：一部分表示胀缩，即变体积而不变形状；另一部分表示畸变，即变形状而不变体积。形变传播时，两部分的传播速度不同。在震源附近，两部分还未分开，所以波经过处的形变是复杂的。在较远的地方，波阵面就分成两个。胀缩波传播较快，波阵面上的质点位移和传播方向一致，所以叫做纵波，一般用字母P表示。较慢的叫畸变波，质点位移和传播方向垂直，所以叫做横波，一般用字母S表示。地震波主要包含纵波和横波。由于振动方向与传播方向一致，来自地下的纵波引起地面上下颠簸振动。横波振动方向与传播方向垂直，所以来自地下的横波能引起地面的水平晃动。

在介质中任一点的纵波速度恒大于同一点的横波速度。所以地震时，纵波总是先到达地表，而横波总落后一步。这样，发生较大的近震时，一般人们先感到上下颠簸，过数秒到十几秒后才感到有很强的水平晃动。在地球内部，岩石的弹性和密度都是随深度而增加的，不过弹性增加得更快些，所以地震波的速度一般是随深度而增加的，只有在个别地区或个别深度情况下除外。

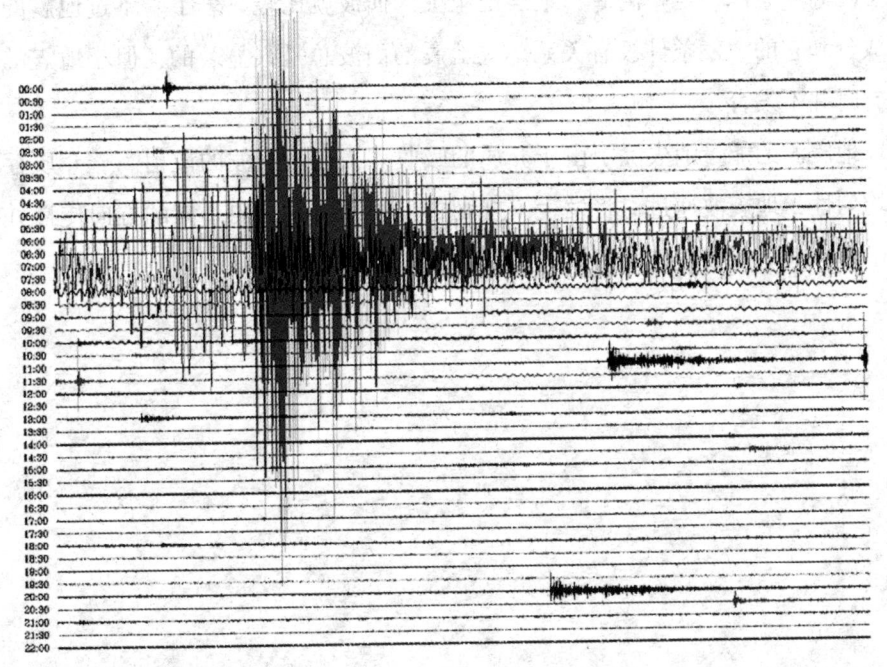

体波在地球内部，有纵波（P波）和横波（S波）两种形式存在，它们可以在三维空间中向任何方向传播，所以叫做体波。但地球是有边界的，在地面附近，还可能有另一种波动存在，它们只能沿地表附近传播，在垂直于地面的方向并不传播，这种波叫做面波。面波有多种，最重要的叫做瑞利波和洛夫波。瑞利波存在于地球表面之下，是1885年英国物理学家瑞利首先发现的。这种波的振幅在地面最大，随着深度的增加而呈指数缩减。它传播速度比横波速度略小一些。当波向前传播时，介质质点的运动轨迹是向后倒转的椭圆。这样的运动不是单纯的胀缩或畸变。瑞利波不是单纯的P或S，而是两种成分都有。洛夫波是1911年英国力学家洛夫首先提出的。洛夫波是横波，其质点运动与分界

面平行，质点运动方向与波传播的方向垂直，因此，质点在地面上呈蛇形运动形式。以上两种面波的速度都比体波小，一般来说，面波的传播速度为横波波速的0.9倍。但在地震记录上，面波的振幅一般比体波大，原因之一是：体波是在三维中传播，而面波则是二维的，所以体波位移随距离的递减率要比面波快。在离开震源一定距离后，地震记录上的面波就比较显著了。不过地震的面波成分和它的激发条件极有关系。大地震的面波总是很显著的，但小地震的面波有时并不发育。

地震波的能量消失除了由于介质的吸收外，还由于波的散射。若介质存在不均匀性，地震波通过时将发生不规则的反射和折射，向不同的方向传播并彼此干涉，最后化成热能而消失或成为某种震动背景。

地震的序列和深浅

地震的序列

一次中强级别以上的地震前后，在震源区和它附近，会有一系列地震相继发生，这些成因上有联系的地震就称为一个地震序列。一个地震序列包括前震、主震和余震三部分。

前震是指主震前发生的比较小的地震，很多大地震前没有发生前震。

主震是指地震序列中最突出、最大的那个地震。

余震是指主震之后所发生的众多小地震。

一次地震序列所持续的时间不等，有的几天，有的几年甚至几十年。一般来说，主震越大，最大余震的震级越大，而且余震持续的时间越长。1976年河北唐山地震的余震持续了10多年之久，不知道2008年汶川地震的余震活动会持续多久，估计也得几年。值得指出的是，主震中那些没有被震倒震垮，但是已经被震得松散了的房子，在强余震中往往会发生倒塌。也就是说，大地震的强余震也会造成伤亡破坏，因此要加强对大地震强余震的监测预报，防范强余震造成伤亡事件。

根据地震序列的能量分布、主震能量占全序列能量的比例、主震震级和最大余震的震级差等，可将地震序列划分为主震—余震型地震、震群型地震和孤立型地震三种类型。

主震—余震型地震的主震非常突出，余震非常丰富。主震所释放的能量占

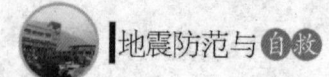

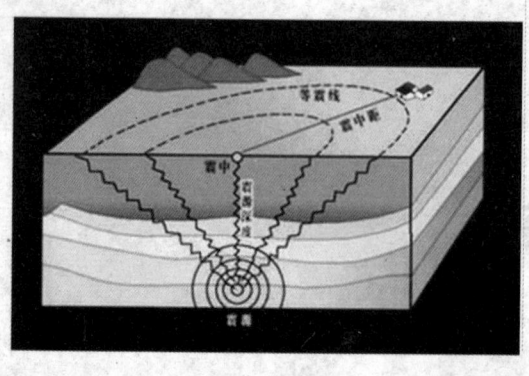

全序列的90%以上，主震震级和最大余震相差0.7~2.4级。

震群型地震有两个以上大小相近的主震，余震非常丰富。主要能量通过多次震级相近的地震释放，主震所释放的能量占全序列的90%以下，主震震级和最大余震相差不到0.7级。

孤立型地震有突出的主震，余震次数很少，强度比较低。最大地震所释放的能量占全序列的99.9%以上，主震震级和最大余震相差2.4级以上。

根据有没有前震，又可把地震序列分为主震—余震型地震、前震—主震—余震型地震和震群型地震三种类型：

主震—余震型地震，它没有前震活动，主震和最大余震震级差大约在1级以上。

前震—主震—余震型地震，有前震活动，其他特点与主震—余震型基本相同。

震群型地震，序列中没有震级突出大的单个地震。

地震的深浅

地震按照震源深度的不同，可划分为3种：浅源地震、中源地震和深源地震。

浅源地震（正常深度地震）是指震源深度小于70千米的地震，世界上大多数地震都是浅源地震，我国绝大多数地震也属于浅源地震。

中源地震是指震源深度为70~300千米的地震。

深源地震是指震源深度大于300千米的地震。目前世界上记录到的最深的地震震源深度为786千米。同样大小的地震，震源越浅，所造成的破坏越严重。

影响地震破坏力大小的因素

不同地区发生的震级相同的地震,所造成的破坏程度和灾害大小有时候是不一样的,这主要受以下因素的影响。

1. 人口密度和经济发展程度

地震如果发生在没有人烟的高山、海底或者沙漠,即使震级再大,一般也不会造成损失或伤亡。1997年11月8日发生在西藏北部的7.5级地震就是这样的。相反,地震要是发生在经济发达、人口稠密、社会财富集中的地区,特别是在大城市,造成的灾害将是巨大的。

2. 建筑物的质量

地震时房屋等建筑物的严重破坏和倒塌,是造成人员伤亡和财产损失的直接原因之一。房屋等建筑物的抗震性能强弱、质量好坏,将直接影响到受灾的程度,因此,必须做好建筑物的抗震设防。

3. 地震震级和震源深度

震级越大,释放的能量也就越大,造成的灾害自然也会越大。如果震级相同,震源深度越浅,震中烈度越高,破坏性就越强。一些震源深度特别浅的地震,即使震级不大,也存在造成"出乎意料"的破坏的可能。

4. 场地条件

场地条件主要包括地形、土

质、地下水位和是否有断裂带通过等。一般来说，覆盖土层厚、土质松软、地形起伏大、地下水位高，有断裂带通过，都可能使地震灾害加重。所以，在进行工程建设时，要尽量避开不利地段，选择有利地段。

5. 地震发生的时间

一般来说，破坏性地震发生在夜间比发生在白天所造成的人员伤亡大。唐山地震伤亡惨重的原因之一就是地震发生在深夜3点42分，绝大多数人还在室内熟睡。有不少人认为，大地震通常都发生在夜间，其实这是一种错觉。据统计资料显示，破坏性地震发生在白天和晚上的可能性是差不多的，两者并没有明显差别，如2008年5月12日发生在中国四川汶川的大地震就发生在白天。

6. 对地震的应对状况

在破坏性地震发生之前，如果人们的应对工作做得好，就会大大减少人员伤亡，降低经济损失。

地震带

世界有哪些主要地震带

环太平洋地震带

全球规模最大的地震活动带。此带主要位于太平洋边缘地区，沿南北美洲西海岸，从阿拉斯加经阿留申至堪察加，转向西南沿千岛群岛至日本，然后分成两支，其中一支向南经马里亚纳群岛至伊里安岛，另一支向西南经琉球群岛、我国台湾省、菲律宾、印度尼西亚至伊里安岛，两支在此汇合，经所罗门、汤加至新西兰。全球约80%的浅源地震、90%的中深源地震以及差不多所有深源地震，都发生在这一带。所释放的地震能量占全球地震总能量的80%。该带是大多数灾难性地震和全球8级以上巨大地震的主要发震地带。

欧亚地震带

全球第二大地震活动带。横贯欧亚两洲并涉及非洲地区，全长2万多千米。其中一部分从堪察加开始，越过中亚，另一部分则从印度尼西亚开始，越过喜马拉雅山脉，它们在帕米尔会合，然后向西伸入伊朗、土耳其和地中海地区，再出亚速海。所释放的地震能量占全球地震总能量的15%。我国大部分地区处于此地震带中，此带内也常发生破坏性地震及少数深源地震。

大洋中脊地震活动带

此地震活动带蜿蜒于各大洋中间，几乎彼此相连。总长约65 000千米，宽1000~7000千米，其轴部宽100千米左右。大洋中脊地震活动带的地震活动性较之前两个带要弱得多，而且均为浅源地震，尚未发生过特大的破坏性地震。

大陆裂谷地震活动带

该带与上述三个带相比规模最小，不连续分布于大陆内部。在地貌上常表现为深水湖，如东非裂谷、红海裂谷、贝加尔裂谷、亚丁湾裂谷等。

中国有哪些地震带

我国位于环太平洋和欧亚两大地震带的交汇部位，受太平洋板块、印度板块和菲律宾海板块的挤压，地震断裂带活动十分活跃，我国的地震活动主要分布在5个地区（台湾地区、西南地区、西北地区、华北地区和东南沿海地区）的23条地震带上，具体可以分为如下几个区域。

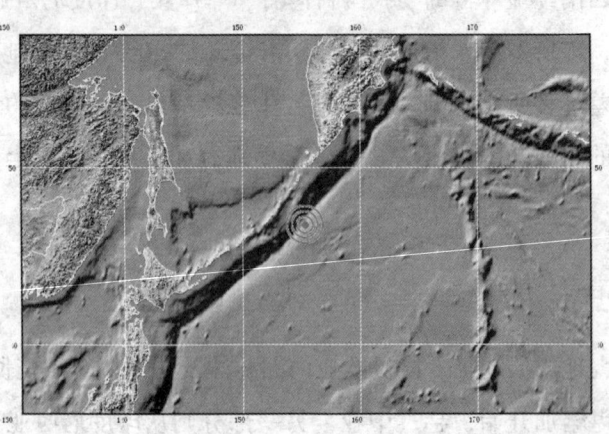

1. 华北地震区

包括河北、河南、山东、内蒙古、山西、陕西、宁夏、江苏、安徽等省的全部或部分地区。在五个地震区中,它的地震强度和频度仅次于"青藏高原地震区",位居全国第二。由于首都圈位于这个地区内,所以格外引人关注。据统计,该地区有据可查的8级地震曾发生过5次,7~7.9级地震曾发生过18次。加之它位于我国人口稠密、大城市集中,政治和经济、文化、交通都很发达的地区,因此地震灾害的威胁极为严重。该区可以划分为4个地震带:

(1) 郯城—营口地震带。包括从宿迁至铁岭的辽宁、河北、山东、江苏等省的大部或部分地区,是我国东部大陆区一条强烈地震活动带。1668年山东郯城8.5级地震、1969年渤海7.4级地震、1975年海城7.3级地震就发生在这个地震带上。据记载,本地震带共发生4.7级以上地震60余次,其中7~7.9级地震6次,8级以上地震1次。

(2) 华北平原地震带。南界大致位于新乡—蚌埠一线,北界位于燕山南侧,西界位于太行山东侧,东界位于下辽河—辽东湾凹陷的西缘,向南延到天津东南,东边达宿州一带,是对京、津、唐地区威胁最大的地震带。1679年河北三河8.0级地震,1976年唐山7.8级地震就发生在这个带上。据统计,本地震带共发生4.7级以上地震140多次,其中7~7.9级地震5次,8级以上地震1次。

(3) 汾渭地震带。北起河北宣化—怀安盆地、怀来—延庆盆地,向南经阳原盆地、蔚县盆地、大同盆地、忻定盆地、灵丘盆地、太原盆地、临汾盆地、运城盆地至渭河盆地,是我国东部又一个强烈的地震活动带。1303年山西洪洞8.0级地震,1556年陕西华县8.0级地震都发生在这个带上,1998年1月张北6.2级地震也在这个带的附

近。有记载以来，本地震带内共发生4.7级以上地震160次左右，其中7～7.9级地震7次，8级以上地震2次。

（4）银川—河套地震带。位于河套地区西部和北部的银川、乌达、磴口至呼和浩特以西的部分地区。1739年宁夏银川8.0级地震就发生在这个带上。本地震带内，历史地震记载始于公元849年，由于历史记载缺失较多，据已有资料，本地震带共记载4.7级以上地震40次左右，其中6～6.9级地震9次，8级以上地震1次。

2. 青藏高原地震区

包括兴都库什山、西昆仑山、阿尔金山、祁连山、贺兰山—六盘山、龙门山、喜马拉雅山及横断山脉东翼诸山系所围成的广大高原地域，涉及青海、西藏、新疆、甘肃、宁夏、四川、云南全部或部分地区，以及俄罗斯、乌克兰、阿富汗、巴基斯坦、印度、孟加拉、缅甸、老挝等国的部分地区。青藏高原地震区是我国最大的一个地震区，也是地震活动最强烈、大地震频繁发生的地区。据统计，这里8级以上地震发生过9次，7～7.9级地震发生过78次，均居全国之首。

3. 东南沿海地震区

地理上主要包括福建、广东两省及江西、广西邻近的一小部分。这条地震带受与海岸线大致平行的新华夏系北东向活动断裂控制，另外，一些北西向活动断裂在形成发震条件中也起一定作用。这组北东向活动断裂从东到西分别为：长乐—诏安断裂带、政和—海丰断裂带、邵武—河源断裂带。沿断裂带发生过多次破坏性地震，如沿长乐—诏安断裂带，曾发生过1604年泉州海外8.0级大地震和南澳附近的一系列强震；沿

邵武—河源断裂带曾发生过会昌 6.0 级地震（1806 年）、河源 6.1 级地震（1962 年）和寻乌 5.8 级地震（1987 年），政和—海丰断裂带也曾发生过破坏性地震，但总的强度比较低。

4. 南北地震带

也称为中国南北地震带，是指从我国的宁夏经甘肃东部、四川西部直至云南，有一条纵贯中国大陆大致南北方向的地震密集带。该地震带向北延伸至蒙古境内，向南延伸到缅甸，跨度极大，其中，2008 年 5 月 12 日的四川汶川大地震就发生在这一地震带上。

5. "台湾地震区""新疆地震区"

是我国两个地震活动频繁的地区，发生的破坏性地震也较多，都曾发生过 8 级或 8 级以上的地震。由于新疆地震区总的来说人烟稀少、经济欠发达，尽管强烈地震较多，也较频繁，但多数地震发生在山区，造成的人员和财产损失与我国东部几条地震带相比，要小许多。

地震造成的危害

大地震的破坏是多方面的，如大地震时出现房屋倒塌、桥梁断落、水坝开裂、铁轨变形、地面裂缝、地面塌陷、山体滑坡、河流改道、地表变形，以及山崩、海啸、喷沙、冒水、泥石流、大树倾倒等现象。

据统计，人员伤亡和经济损失中95%是由于建筑物直接倒塌造成的，建筑物倒塌是主要的原因。另外地震还会引起很多次生灾害，这种次生灾害有很多种，如火灾，因为煤气、电气在突然造成破坏的时候很容易着火。

这是首屈一指的地震次生灾害。烈火不仅烧毁住宅和各种建筑物，还会烧死烧伤人。在强烈地震时，尤其是现代化的大城市地区的地震，其火灾往往比地震本身还可怕。

例如，1973年日本东京的大地震造成大约13万多人死亡，据统计灾后火灾非常严重，其中有9万多人是由于火灾而导致死亡的。所以火灾是一个主要的次生灾害。

另外，还可以引起水灾。我国很多地方都有水库和大坝，地震破坏了大坝，造成洪水泛滥，这种情况自然界也会发生。例如，1933年四川省叠溪发生地震，震级7.5，地震以后，龙头山垮下来，倒塌的山体把岷江堵塞了，形成了上下4个地震湖，即堰塞湖。45天后，湖水溃决，地震堰塞湖坝堤缺口，沿江水灾导致下游好几千人死亡。

还有，比方说化工厂或者带有放射性物质的工厂，会在地震后发生核物质泄漏、有毒物品泄漏等情况。

另外地震以后，人员、牲口伤亡，由于防疫处理不得当，天气炎热，就会引发瘟疫。

1556年华县地震时,瘟疫或流行性疾病曾夺去数以10万计未被地震压塌而死的灾民的性命,可见瘟疫这种次生灾害也是极为可怕的。瘟疫的产生完全是由地震压死的人、畜、禽的尸体腐烂引起的细菌蔓延而导致的。所以,一场强烈地震后,要赶快清除和深埋人畜家禽的尸体,采取有效的消毒灭菌措施,防止瘟疫的滋生和蔓延。

如果大地震发生在海边或海底,还会形成海啸。狂涛巨浪发出飓风般的呼啸声,向四周海岸冲去,造成巨大损失。1960年5月22日智利8.9级特大地震,引发了世界上最大的海啸,不仅智利海岸遭到袭击,十几米高的巨浪还以640千米的时速横扫太平洋,23小时之后在日本沿岸登陆,造成灾害。总体上看,真正引起海啸的地震并不多见。我国东南沿海几次大地震,都没有引起海啸。既然大地震时地面会塌陷,那么会不会整个城市、村庄陷入地下或沉入大海呢?这种担心没有必要,古今中外还没有发生过这种现象。1960年智利8.9级地震是世界历史上记载的最大地震,当地一个月内又连续发生3次8级以上、10次7级以上的大地震,严重的震灾使港口的混凝土码头倾斜,海边仓库和货物倾卸入海,但并没有发生城镇沉入海底的情况。

山区和塬区会发生滑坡和崩塌。由于地震的强烈振动,使得原已处于不稳定状态的山崖或塬坡发生崩塌或滑坡。这类次生灾害虽然是局部的,但往往是毁灭性的,使整村整户人财全被埋没。

地震恐慌也会带来损失,破坏性地震的突发性和巨大的摧毁力,造成人们对地震的恐惧。有一些地震本身没有造成直接破坏,但由于人们明显感受到了,再加上各种"地震消息"广为流传,以致造成社会动荡而带来损失。这种情况如果发生在经济发达的大中城市,损失会相当严重,甚至不亚于一次真正的破坏性地震。

由于缺乏知识，轻信谣言，人们会因恐慌而停工、停产、停课；会到银行大量提款；会因成群外逃"避震"，造成交通堵塞；甚至会引起交通事故、跳楼避险或互相挤踏造成伤亡。

所以我们既要了解地震的危害，也要清醒地认识实际情况，不可盲目下定论，造成不必要的损失。

地震灾害的特点

地震灾害是群灾之首，它具有突发性、成纵性和续发性等特点，并产生严重次生灾害，对社会也会产生很大影响。

1. 突发性

地震一般是在平静的状况下突然发生的自然现象。强烈的地震可以在几秒或者几十秒的时间内造成巨大的破坏，严重的顷刻之间可使一座城市变成废墟。尤其是发生在夜间的地震，后果更为严重。如唐山大地震发生在凌晨3点42分，当时人们正在酣睡，事先毫无警觉，结果伤亡惨重，造成经济损失上百亿元以上。

2. 成纵性

在一次强烈地震发生后，为调整区域应力场或岩石破裂的延续活动，往往在某一时间内的地震活动呈成纵性出现，连续造成灾害。

3. 续发性

强烈的地震不仅可以直接造成建筑物、工程设施的破坏和人员的伤亡，而且往往引发一系列次生灾害和衍生灾害，造成更大的破坏。如由地震灾害诱发的火灾、水灾、毒气和化学药品的泄露污染，以及细菌污染、放射性污染，还有滑坡、泥石流、海啸等次生灾害，此外还包括上述灾害所造成的各种社会损失。

地震直接灾害的特点

地震直接灾害是地震的原生现象，如地震断层错动，以及地震波引起地面振动所造成的灾害。主要有地面破坏、建筑物与构筑物的破坏、山体等自然物的破坏（如滑坡、泥石流等）、海啸、地光烧伤等。

1. 地面破坏

强烈的地震容易造成地裂缝、地面塌陷、沙土液化等地表震害现象。

（1）地裂缝：由地下岩层断裂或断层错动在地表形成的裂缝称为构造地裂缝，常与地下断裂带的走向一致，一般规模较大且成带状，带宽几米至几十米，带长可达几千米，但一般都不深（多者1~2米）。地震时，地表受到挤压、伸长、旋转等力的作用，形成了这类有规律的地裂缝。对处于古河道、河湖堤岸、坡道和田地等土质松软、潮湿的地段，在地震时会出现震陷并形成所谓的重力地裂缝。其规模小，形状不一，纵横交错。

（2）地面塌陷：造成地面结构物的不均匀沉降，严重时可使大量建筑物下陷。地面塌陷多发生在岩溶洞、采空的地下矿井以及在松软而富有压缩性的土层中。

（3）沙土液化：在地震的持续震动之下，建筑物基地富含空隙水的沙土趋向密实，迫使空隙水压力上升，沙砾间的压力和摩擦力减小，进而使沙土失去抗剪能力，形成液态，失去稳定和承载力。宏观上表现为平地喷砂冒水，建筑物沉陷、倾倒或滑移，堤岸滑坡等。1964年美国阿拉斯加地震，1975年中国海城地震和1976年中国唐山地震都有饱和沙土的液化现象。

2. 建筑物与构筑物的破坏

在强烈地震中，各类建筑物将遭受不同程度的破坏，如房屋和桥梁倒塌、水坝开裂、铁轨变形等。一次强烈地震造成的工程结构破坏现象可能千差万别，但是它们都不外乎有以下几个方面：结构本身强度或承受力不足、结构发生共振、结构构造和布置不合理、非承重构件承载力不足、基础差异变形过大及多点输入地震，导致结构内力重分布或应力集中、地基失效。地震即便尚未使工程结构产生倒塌性破坏，它也会使结构构件产生裂缝和其他内部损伤，继而将影响结构的使用寿命或耐久性。

3. 山体等自然物的破坏

强震之后发生大量的滑坡和崩塌，滑坡、崩塌为形成大型的泥石流提供了物质来源。泥石流在流动的过程中对河床进行下切，对两岸进行冲刷和刮挖，这样使边坡又失去平衡，产生新的滑坡。这样循环反复互为因果，因而地震滑坡和泥石流灾害延续时间长，从地震开始，一直延续到次年乃至数年之内。

（1）山崩：是指陡峻山坡上的岩块、土体在地震和重力作用下，发生突然的、急剧的倾落运动。崩塌的物质，称为崩塌体。崩塌体为土质者，称为土崩。崩塌体为岩质者，称为岩崩。大规模的岩崩，称为山崩。崩塌可以发生在任何地带，山崩限于高山峡谷区内。

（2）滑坡：是指斜坡上的土体或者岩体，受地震影响，在重力作用下，沿着一定的软弱面或者软弱带，整体地或者分散地顺

坡向下滑动的自然现象。

（3）泥石流：因地震造成的崩塌滑坡等固体物质（泥、沙、石块和巨砾）集中于沟谷中或坡地上，直接与湍急的水流相互作用而成不均质的特殊洪流。在空间分布上，泥石流主要形成于断裂构造发育或新构造运动活跃、地震频发、降水集中且多局地性暴雨和水土流失严重的地区。它爆发突然，来势凶猛，具有很大的破坏力。

2008年5月12日的四川汶川大地震死亡或失踪者中，估计有1/3的死亡和失踪人员是由地震造成的山崩、滑坡等次生地质灾害造成的。

4. 水体的震荡

水体的震荡包括海啸、湖震等。

（1）海啸：是一种具有强大破坏力的海浪。当地震发生于海底，因震波的动力而引起海水剧烈的起伏，形成强大的波浪，向前推进，将沿海地带一一淹没的灾害，称之为海啸。日本是全球发生地震海啸受害最深的国家。2004年12月26日于印尼的苏门答腊外海发生里氏8.9级海底地震，引发的海啸袭击了斯里兰卡、印度、泰国、印尼、马来西亚、孟加拉、马尔代夫、缅甸和非洲东岸等国，造成包括欧美和其他国家的大批旅游者在内的30余万人丧生。

造成海啸的初始扰动，可发生在离岸很远的地方，初始波数也不多，但经过传播路径上的大陆架和海岸等多次反射和干涉，波数增多，形成若干个很大的波，

相互的时间间隔为数分钟或更长一些。通常第二个或第三个波为最大。在第一个大的波动到来前数分钟（甚至达半小时），海湾中可观测到异常的海水倒退现象。环太平洋地震带浅源大地震最多，深海海沟的分布也最广泛，故地震海啸多发生在这一海域。据统计，世界上近80%的地震海啸发生在太平洋四周的沿岸地区。

为减少地震海啸可能造成的灾害，在太平洋沿岸以及印度洋沿岸地区，都已经建立了海啸报警系统。由于地震波在地壳中的传播速度比地震引起的海啸波速度快得多，可用以估计海啸波滞后于地震波到达的时间。通过观测海洋声波，也可预告海啸波到达的时间。地震海啸拍岸浪头的高低，除与地震震级、震源机制等有关外，主要决定于港口和沿海地段的地形和海岸线形状。

（2）湖震：由湖底振动引起的湖水表层的波动称作湖震，其效果很像前后晃动一只装满水的碗。如果是大的地震，即使发生在很远的地方，也可以产生湖震。在湖或水库边，大块的湖壁滑坡崩塌引起的水面波动也可能对下游居民的小码头、水坝或排污系

统产生威胁。1958年7月9日，当7级地震光顾阿拉斯加的利图亚海湾时，巨大的山崩把大量石块和泥土抛入湖中，掀起了60米高的巨浪，船被甩过25米高的大树，波浪速度快得足以把岸上的植物连根拔出。

5. 地光烧伤

地光对人体的危害包括烧、灼、电击等不同情况，致伤程度和部位也各不相同。这方面的资料以前文献中记载数量较少，但对灾区人民的心理、精神上的消极影响颇深。

地震次生灾害的特点

除直接灾害外，地震还会引发一系列次生灾害。地震次生灾害是直接灾害发生后，破坏了自然或社会原有的平衡、稳定状态，从而引发出的灾害。主要有火灾、水灾、毒气泄漏、瘟疫等对生命财产造成的灾害，其中火灾在次生灾害中最常见、最严重。

1. 火灾

由房屋倒塌造成煤气泄漏或其他明火引起，也可由化学工厂易燃易爆气体泄漏或爆炸而引起。据地震历史资料，火灾是一种最容易发生的地震次生灾害，造成的损失往往也比较大。例如，1906年4月18日美国旧金山地震（8.3级），火炉翻倒引起大火，供水系统破坏，大火持续三天三夜，10平方千米的市区化为灰烬。

2. 水灾

由地震引起的水坝决口或山崩壅塞河道形成堰塞湖继而垮坝等引起。

1933年中国四川叠溪7.5级地震，造成6865人死亡，地震时山崩堵塞岷江形成堰塞湖，45天之后大水冲决了堰塞坝，造成洪水，淹死下游2500多人。

3. 核泄漏或毒气泄漏

由核设施或有毒物质储存设施在地震中破坏引起。

4. 瘟疫

由震后生存环境的严重破坏所引起。地震发生后，人畜尸体腐烂，污水、粪便和垃圾缺乏管理，形成大量传染源，导致水源、空气污染严重，再加上临时避难地人口密集，卫生条件差，容易寄生蚊蝇、病菌。灾民在精神上受到打击，正常生活规律被打乱，机体抵抗力下降，所以容易产生疾病流行的情况，历史上就有"大震后必有大疫"的说法。

地震地声

有的大地震在临震前，地下有发声现象，叫做地声。尤其在靠近震中的地方，一般在地震前几秒、十几秒或一二分钟内可听到地声。我国地震史料中有丰富的关于地声的记载。从这些记载中可以了解到地震时"声如闷雷"者居多，还有如风吼、如奔车、如金戈铁马碰击等声音。这些类型的地声，在近些年的地震中，也有多次报道。

据研究和推测，一般认为地声是强烈地震前已经积累了巨大能量的岩石发生预滑、错动、破裂及蠕变而发出的。地声的到来是由远及近再由近及远的，有方向性。因此听起来有如雷声滚滚而过，或如载重车辆在地下行驶，或如千军万马在地下奔腾。通常人们听到地声的时候，地震马上就要发生了，其间不过几分钟，甚至更短的间歇。因此在听到地声时，敏捷地跑出危险区有时还来得及。1975年辽宁海城地震发生时，本溪市某工厂的业余测报员利用简易地声监听装置（用一大缸倒扣地上，缸内地面放一送话器，用导线将听筒引出）听到了地下深处传来的有如狂风的呼啸声，立即把楼上的人员叫出屋外，随后地震便发生了，众多的人逃过了地震之灾。

地震湖

地震湖是地震形成的湖泊。提起地震湖，人们会想起 1933 年四川叠溪地震，这次地震发生在人烟稀少的川西山区，竟造成了 6800 多人死亡，就是因为地震湖酿成了一场水灾。

现今四川茂汶藏族自治县境内，有个迷人的地震湖，人称大小海子，湖面宽 1 千米，长 10 千米，周围群山起伏，白云缭绕，山林郁郁，翠竹长青，湖光山色，波光粼粼。这里是大熊猫的故乡，谁能想到 55 年前它曾吞噬掉数千人的生命。

1933 年 8 月 25 日，叠溪发生了 7.5 级大地震，崩塌的山体把岷江拦腰截断，筑起了 3 条大坝，使每秒近千立方米的岷江断流了。坝内的水不断升高，江水开始倒流，淹没了两岸的村庄和农田，3个地震湖连成一片，逶迤20多千米。10月9日，地震后的第45天，岷江上游阴雨连绵，江水猛涨，傍晚，高160米的大坝突然崩溃，积水倾泻而出，泥沙巨石沿江而下，浪头高达20米，洪水吼声震天，沿两岸的村镇田园一扫而过，人畜逃避不及，尽被卷入水中。当时政府派往调查灾情的10余人，住在江岸的一座古庙内，除一人幸免外，其余全被洪水冲走。

新中国成立后，政府对地震湖进行了疏导和堤坝加固，附近还建起了大熊猫自然保护区，成了旅游胜地。后来又历经几次洪水和地震，地震湖都安然无恙。

地震海啸

　　地震海啸是沿海地区极为严重的地震次生灾害。1960年5月22日15时11分，智利8.9级大地震发生了，这次地震所释放的能量相当于10万多颗美国1945年8月投掷到日本广岛的那种原子弹的能量，地震引起了罕见的海啸。这次地震产生的海啸异常凶悍，它以每小时800千米的速度在海上推进，数小时后就横扫了位于太平洋中部景色秀丽、风光迷人的夏威夷群岛，摧毁了美国在该岛的重要战略要塞——珍珠港，20小时后又袭击了日本濒临太平洋的沿海地带，造成数万人伤亡，舰船和港口设施受到严重破坏。

　　地震海啸与一般由飓风引起的海浪不同，它是由发生在海里的地震——海底地震引起的。当海底发生强烈地震时，由于海底地形急速而剧烈地升降变化，这样就引起海水急剧大幅度地升降变化。海水先是猛然向着变得低洼的地方涌去，然后再翻回海面，从而形成一种特别大的波浪。当这样的海浪即海啸在开阔的深水大洋中运行时,速度特别快。像智利地震引起的海啸到达夏威夷群岛时,时速高达近千千米,在到达日本列岛时,时速仍达700千米。但由于海啸的波长,所以行驶在海洋上的船只几乎不受影响。只有当海啸传播到陆地时,由于陆地的阻挡,使一阵一阵远来的海浪拥挤叠加在一起,这就形成了高达数十米的巨浪冲向陆地。

另外,海啸只有在深海沟的地方形成和传播,如果海水很浅或濒临海洋的大陆前面有很宽的大陆架或大陆斜坡,就不易产生海啸,而且海啸也无法袭击陆地。因为浅海区不可能因海底地形的突变产生数10米的海水升降变化,当远处的海啸袭来时,巨浪也会在浅海区把能量消耗殆尽,等它到达陆地时,已成为强弩之末。像我国辽阔的海疆都是宽广的大陆架,海水较浅,所以不会产生海啸,像智利这次的地震海啸也不可能袭击我国沿海。

地震地光

由于地震活动而产生的发光现象,被称为地光。在临近地震时刻,出现得比较多,震前和震后一段时间内有时也可以看见。

地光产生的原因尚不清楚,目前有几种解释:①大地震前地磁、地电场急剧地变化,与大气中电离层相互影响而产生。②地下天然气等物质沿地面裂缝冒出,突然自燃而产生。③由于岩石在大地震前发生急剧破坏,断裂破坏的岩块沿着断裂面互相摩擦,产生热量突然释放的结果。

地光有多种颜色,蓝里发白,有点像电焊火光那种颜色的较多,红色、紫红色的也不少,其他如白色、黄色、橙色、绿色也都有,有时以笼罩大地的形式,范围很广地出现。历史上记载的1652年3月23日安徽霍山地震提到"丑时地震,自西南起,红光遍地,人畜皆惊"。1975年海城、营口地震中,人们也看到了顶部如圆弧形的地光在黑夜中照亮了一大片地区的现象,有的地区持续了几十秒钟。还有的地光是以条带状的形式划过长空,如1804年11月1日五更天(3~5时)的时候,湖南沅陵的居民看到"红光为匹练,自西而东,没于地",随后就发生了地震。

一旦发现了地光,必须采取防震避震措施,此时已到了时不我待的关头。1976年云南龙陵7.4级地震时,有一民兵队长在回家途中突然发现了地光,他立即向全坝子鸣枪报警。结果,地震很快发生了,但全坝子的人都跑出了房舍,因而无一人丧生。

有关地震的记载

古代对地震有哪些传说

在科学不发达的过去,人们对地震发生的原因,常常借助于神灵的力量来解释。在我国,民间普遍流传着这样一种传说,他们说地底下住着一条大鳖鱼,时间长了,大鳖鱼就想翻一下身,只要大鳖鱼一翻身,大地便会颤动起来。用现代人的眼光分析这种传说,简直是荒诞不经。但持这种说法的国家,并不只有中国。

例如,在古希腊的神话中,海神普舍顿就是地震的神。南美还流传着支撑世界的巨人身子一动,就引起地震的说法。古代日本认为,日本岛下面住着大鲶鱼,一旦鲶鱼不高兴了,只要将尾巴一扫,于是日本就要发生一次地震。

古印度人认为,地球是由站在大海龟背上的几头大象背负的,大象动一动就引起了地震。

新西兰传说地下住着一位女神,名叫"地母"。当地母发怒的时候,会挥动手脚,造成大地振动,于是便发生地震。新西兰的毛利族认为,火山和地震之神罗奥摩柯在母亲低头喂奶时，不小心被压入地下，此后他就不断地咆哮，并且喷出火焰。

希腊哲人亚里士多德认为，和缓的地震是由于地球内部的风吹出洞穴而造成的，而严重的地震则是由吹入地下洞窟的大风造成的。

北美原住民以为地球是由一只巨大的乌龟所支撑，乌龟向前走，大地就开始颤抖。

除此之外，埃及和蒙古也有关于地下住着动物在作怪的传说。

随着科学的进步，现在谁也不会相信这类迷信的说法了。

西方记载最早的地震灾难

位于欧洲西南部伊比利亚半岛西部的葡萄牙共和国，特别是该国西南沿海，处于欧亚地震带的西端附近，是一个多地震的地区，位于特茹河入海口的里斯本地区，1009年、1344年、1531年、1755年和1941年都曾发生过大地震，其中1755年11月1日大地震造成的灾害最严重，这也是西方有较详细记载的最早的一次地震灾难。

1755年11月1日是万圣节（All Saint's Day），上午9时40分里斯本的几千名教徒正在教堂做第一次弥撒，全城对地震灾害毫无戒备，这时地下突然发出闷雷似的巨大恐怖的声音，随即大地剧烈地震动起来，历时约30秒钟，顷刻间城市的大部分建筑就被破坏了。几分钟后的10点钟再次发生强烈震动，建筑物继续大量倒毁，持续了约两分钟。没隔多久，中午第三次强烈震动，使里斯本及葡萄牙西南部的所有村镇彻底成为废墟。地震时由于炉灶翻倒起火，当时又刮起了大风，风助火势，焚烧了6昼夜。强烈震动时，特茹河河口的河底裂开大口，一开一合，把码头，居民和船只一起吞下。里斯本的2万多所房屋中有3/4在地震中全部毁坏，全城20万~25万居民中死亡5万~6万人，其中有8000多人是坠入地裂缝中被夹死的。沿海岸和河谷到处都是山崩地裂的景象。

震动远传至欧洲各国，数百千米外的西班牙的科尔多瓦、格拉纳达和摩洛哥非斯、梅克内斯等城市都遭到破坏。

这次地震引发的海啸浪高近30米，进退10余次洗劫里斯本沿岸地区，震害、火灾之后接踵而至的水患，使人们处于水深火热之中不堪其苦。海啸也使西班牙、摩洛哥、法国、英国、德国等国的沿海地区遭受灾祸，巨波还横扫大西洋到达美洲和西印度群岛。这次地震在世界地震灾害史上留下了恐怖的一页。

中国十四次大地震

1556年中国陕西华县8级地震，死亡人数高达83万人。是目前世界已知死亡人数最多的地震。

1668年7月25日晚8时左右，山东郯城大地震震级为8.5级，郯城大地震波及8省161县，是中国历史上地震中最大的地震之一，破坏区面积50万平方千米以上，史称"旷古奇灾"。

1920年12月16日20时5分53秒，中国宁夏海原县发生震级为8.5级的强烈地震。死亡24万人，毁城4座，数十座县城遭受破坏。

1927年5月23日6时32分47秒，中国甘肃古浪发生震级为8级的强烈地震。死亡4万余人。地震发生时，土地开裂，冒出发绿的黑水，硫黄毒气横溢，熏死饥民无数。

1932年12月25日10时4分27秒，中国甘肃昌马堡发生震级为7.6级的大地震。死亡7万人。地震发生时，有黄风白光在黄土墙头"扑来扑去"；山岩乱蹦冒出灰尘，中国著名古迹嘉峪关城楼被震坍一角；疏勒河南岸雪峰崩塌；千佛洞落石滚滚……余震频频，持续竟达半年。

1933年8月25日15时50分30秒，中国四川茂县叠溪镇发生震级为7.5级的大地震。地震发生时，地吐黄雾，城郭无存，有一个牧童竟然飞越了两重山岭。巨大山崩使岷江断流，壅坝成湖。这次的地震对汶川地震应该有启示。

1950年8月15日22时9分34秒，中国西藏察隅县发生震级为8.6级的强烈地震。喜马拉雅山几十万平方千米大地瞬间面目全非：雅鲁藏布江在山崩中被截成四段，整座村庄被抛到江对岸。

邢台地震由两个大地震组成：1966年3月8日5时29分14秒，河北省邢台专区隆尧县发生震级为6.8级的大地震，1966年3月22日16时19分46秒，河北省邢台专区宁晋县发生震级为7.2级的大地震，共死亡8064人，伤38 000人，经济损失10亿元。

1970年1月5日1时0分34秒，中国云南省通海县发生震级为7.7级的大地震。死亡15 621人，伤残32 431人。为中国1949年以来继1954年长江大水后第二个死亡万人以上的重灾。

1975年2月4日19时36分6秒，中国辽宁省海城县发生震级为7.3级的大地震。由于此次地震被成功预测，使更为巨大和惨重的损失得以避免，它因此被称为20世纪地球科学史和世界科技史上的奇迹。

1976年7月28日3时42分2秒，中国河北省唐山市发生震级为7.8级的大地震。死亡24.2万人，重伤16万人，一座重工业城市毁于一旦，直接经济损失100亿元以上，为20世纪世界上人员伤亡最大的地震。

1988年11月6日21时3分、21时16分，中国云南省澜沧、耿马发生震级为7.6级（澜沧）、7.2级（耿马）的两次大地震。相距120千米的两次地震，时间仅相隔13分钟，两座县城被夷为平地，伤4105人，死亡743人，经济损失25.11亿元。

2008年5月12日14时28分，四川汶川县（31.0°N，103.4°E），发生震级为8.0级地震，直接严重受灾地区达10万平方千米。截至7月4日12时，四川汶川地震已造成69 225人遇难，374 640人受伤，失踪18 624人。紧急转移安置15 006 341人，累计受灾人数4624万人。经济损失已经超过8000亿元人民币。

2010年4月14日晨，青海省玉树藏族自治州玉树县发生两次地震，最高震级7.1级，地震震中位于县城附近。截至2010年5月30日18时，经青海省民政厅、公安厅和玉树州政府按相关程序规定核准，玉树地震已造成2698人遇难，其中已确认身份2687人，无名尸体11具，失踪270人。已确认身份的遇难人员：男性1290人，女性1397人；青海玉树籍2537人，省内非玉树籍54人，外省籍96人（含香港籍贯1人）；遇难学生199人。

二十世纪以来的最强地震

全球震级名列前位的地震

苏门答腊岛附近海域2005年3月28日（北京时间29日0时9分）发生里氏8.5级地震，这是自1900年以来人类历史上发生的12次最强烈地震之一。以下是其他11次大地震的基本情况（按震级排列）：

(1) 智利大地震（1960年5月22日）：里氏8.9级（又有报为9.5级）。发生在智利中部海域，并引发海啸及火山爆发。此次地震共导致5000人死亡，200万人无家可归。此次地震为历史上震级最高的一次地震。

(2) 印度洋地震8.9级（2004年12月26日）：发生在印度尼西亚苏门答腊岛以北印度洋海域，这次地震是由于印度洋板块和亚欧板块挤压，造成地壳活动剧烈，岩层破裂而形成，并引发强烈海啸。至少28万人死亡，包括至少600名华人。这可能是世界近200多年来死伤最惨重的海啸灾难。

(3) 美国阿拉斯加大地震（1964年3月28日）：里氏8.8级。此次地震引发海啸，导致125人死亡，财产损失达3.11亿美元。阿拉斯加州大部分地区、加拿大育空地区及哥伦比亚等地都有强烈震感。

（4）美国阿拉斯加大地震（1957年3月9日）：里氏8.7级，发生在美国阿拉斯加州安德里亚岛及乌那克岛附近海域。地震导致休眠长达200年的维塞维朵夫火山喷发，并引发15米高的大海啸，影响远至夏威夷岛。

（5）（并列）印度尼西亚大地震（2004年12月26日）：里氏8.7级。发生在位于印度尼西亚苏门答腊岛上的亚齐省。地震引发的海啸席卷斯里兰卡、泰国、印度尼西亚及印度等国，导致约30万人失踪或死亡。

（6）（并列）俄罗斯大地震（1952年11月4日）：里氏8.7级。此次地震引发的海啸波及夏威夷群岛，但没有造成人员伤亡。

（7）（并列）美国阿拉斯加大地震（1965年2月4日）：里氏8.7级。地震引发高达10.7米的海啸，席卷了整个舒曼雅岛。

（8）中国西藏大地震（1950年8月15日）：里氏8.5级。2000余座房屋及寺庙被毁。印度雅鲁藏布江损失最为惨重，至少有1500人死亡。

（9）（并列）俄罗斯大地震（1923年2月3日）：里氏8.5级，发生在俄罗斯堪察加半岛。

（10）（并列）印度尼西亚大地震（1938年2月3日）：里氏8.5级，发生在印度尼西亚班达附近海域。地震引发海啸及火山喷发，人员及财产损失惨重。

（11）（并列）俄罗斯千岛群岛大地震（1963年10月13日）：里氏8.5级，波及日本及俄罗斯等地。

全球有哪些破坏力巨大的地震

美国旧金山地震：1906年4月18日5时13分。震级约为8.3级。震后的破坏并不是直接来自地震本身，而主要是震后火灾引起，大火整整燃烧了3天，烧毁了520个街区的近3万栋楼房。估计有2000多人死亡。

中国宁夏海原地震：1920年12月16日20时5分。震级为8.5级。震中烈度12度，震源深度17千米，极震区面积达2万余平方千米，死亡24万人。

日本关东大地震：1923年9月1日11时58分。震级为8.2级。东京湾西南部60~80千米的海岸，包括东京、横滨以及许多小城市50%~80%的房屋完全倒塌。地震引发了严重火灾，加之适逢大风，而且城市消防设施在地震中损毁，使城市陷入一片火海，共有14.3万人在这次地震及火灾中丧生。

智利大地震：1960年5月22日15时11分。震级约为8.9级，是20世纪最大的地震。在此之后一个月中，周边地区共发生8级以上地震3次，7级以上地震10次。同时，地震引发了20世纪最大的一次海啸。地震造成6座死火山重新喷发，3座新火山出现。

中国辽宁海城地震：1975年2月4日19时36分。震级为7.3级。由于此次地震被成功预报预防，避免了惨重的人员损失，它因此被称为20世纪地球科学史和世界科技史上的奇迹。

中国河北唐山大地震：1976年7月28日3时42分。震级为7.8级。同日18时43分，距唐山40余千米的滦县又发生7.1级地震。这次地震发生在人口稠密的工业城市，破坏范围半径约250千米，被列为20世纪全球10次破坏性最大的地震灾害之首。罹难者超过24万人，16万人受伤。

墨西哥大地震：1985年9月19日7时19分。震级为8.1级。共有3.5万人死亡。

日本阪神大地震：1995年1月17日5时46分。震级约为7.6级。此次地震使号称防震设施最好的日本遭受严重打击，许多经过抗震设计的立交桥、高层建筑、高速公路被破坏。6000多人死亡。

印度大地震：2001年1月26日8点46分。震级7.9级。这是50年来印度发生的最大一次地震。震区的基础设施遭到严重破坏，不少村庄和城镇被夷为平地。至少2万人死亡。

印度洋地震海啸：2004年12月26日7时58分。震级8.9级。这是21世纪震级最大的地震之一，地震引发的海啸波及印度洋沿岸十几个国家，远至波斯湾的阿曼、非洲东岸的索马里及毛里求斯等国。20多万人死亡或失踪。

中国汶川地震：据中国国家地震台网测定，北京时间2008年5月12日14时28分，在四川汶川县（31.0°N，103.4°E）发生8.0级地震。此次地震强度大，波及面广。宁夏、甘肃、陕西、山西、山东、河南、湖北、湖南、重庆、云南、贵州、广西、西藏、江苏、辽宁、上海等省市均有震感。2008年9月18日中午12点。官方确认，截至此时，汶川大地震共造成69 227人遇难，374 643人受伤，另有17 923人失踪。

地震死亡人口最多的是哪次

渭河流域的陕西省关中地区，平原沃野，人口稠密，农业发达，是中国古代文化的发祥地之一，也是中国历史上地震活动强烈的地区。有文字可考的3000年来，已发生4级以上地震40余次，其中5级以上地震26次，最早的地

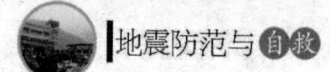

震记载是公元前1189年的地震。

1556年1月23日北京时间0时左右（明朝嘉靖三十四年十二月十二日半夜子时）正当人们入睡之际，古今中外地震史上最惨重的地震灾难发生了。据记载，地震时"亥延千里，振撼荡摇，川原拆裂，郊墟迁移，壅为岗阜，陷作沟渠，山鸣谷响，水涌砂溢，城垣庙宇、官衙民庐，倾颓推圮，十居其半"。以华县为中心，西起陕西渭南，东至山西永济蒲州镇，东西宽90千米，南北长约30千米，包括华县、华阴、大荔、潼关等县在内的2000平方千米，各类建筑物几乎全部倒塌。华县"堵无尺"，城垣尽塌，州署与城墙俱圮，庙宇倾覆成墟。渭南"公私庐舍、城垣尽圮"，县城楼橹墙堞，倾埋殆尽，鼓楼震毁，来化镇等地砖塔倒塌，县署破坏后"莅治者咸席坐棚下"。华阴"垣屋尽倾"，县城遭"覆隍之变"，砖塔倒毁，儒学殿舍尽圮。历代华山封禅、祭祀的西岳庙"观宇倾颓"。蒲州镇"城郭宫室，倾覆殆尽"，州署、抚、按察院的行召、布政分司、文庙、书院及兵备道衙门等，全部倒塌。明代蒲州是山西西南部重镇，住有山阴、衷垣二王的皇亲宗室，经过这次地震，"堂堂钜镇，一望丘墟"。创自隋唐以《西厢记》的轶事闻名的普救寺及寺内唐塔，也在这次地震中"摧折无遗"。

在上述极震区内，地表大规模形变，山崩、滑坡、裂缝、地陷、地隆等现象随处可见。华县"原阜旋移，地高不尽改故迹"，地裂缝"裂之大者，水出火出，怪不可状，人有坠于穴而复出者。有坠于水穴之下，地复合，他日掘一丈余得之者"。渭南县城内"中街之南北，皆陷下一、二丈许"，"自县治至西城陷丈余"的故址，至今仍清晰可辨。县城东甫的五指山陷入平地，毁削无存。距县城东南9千米的张岑滑坡，长、宽、高各1千米以上，滑坡体所过之处"原移路凸"。县东张家岭滑坡体南北长2100米，东西宽1000米，体积1000多万立方米。郭家沟滑坡体南北长1300米，东西宽550米，体相300多万立方

米。华阴县城西驻马桥石桥摧裂,城北大员村地裂数丈,水涌数尺。大荔县甫的紫微观和朝邑西南的太白池是面积可观的湖沼,"经地震平芜",湖水干涸。黄河南岸的大庆关和蒲州河堤,"下钉柏桩,上垒条石,中贯铁锭",十分坚固,地震后"堤岸尽崩"。永济至临潼之间出现东西向长近100多千米的地震断裂带,断裂带以北大面积下降,以南大面积上升,断裂的垂直断距超过5米,其华县地盘下降5～10米,赤水镇下降4米,渭南下降2.5～4米,华阴下降2～3米。

遭受这次地震破坏有文字记载的共计101个县,分布在陕西、山西、河南、甘肃、宁夏等省区,面积约28万平方千米。有感范围很广,有文字记载的有11个省区的227个县,北到山西北部,南达江西、湖南,西至甘肃,东抵山东、安徽,面积100多万平方千米。

关于这次地震造成的人口伤亡,在世界地震史上绝无仅有。据明史《嘉靖实录》记载"二千里人烟几绝", "压死官吏军民奏报有名者八十三万有奇,……其不知名未经奏报者复不可数计"。虽然有的学者认为这个数字可能有夸大之处,但从此亦不难悟出当时破坏程度的严重。

亲身经历过华县地震的明朝官吏秦可大在震后的回忆文章《地震记》中写

道:"受祸大数,潼、蒲之死者什七,同、华之死者什六,渭南之死者什五,临潼之死者什四,省城之死者什三,而其他州县则以地之所剥剔近远分深说矣。"这样高的死亡率和这样大的分布范围是极其罕见的。明世宗时每10年调查一次人口,但各县人口数字现在尚未查到一处是完整的,只能根据有关记载推算。蒲靖三十八年《蒲州志》载:"弘治五年,户:一万一千九百六十五,口:八万七千八百九十一。嘉靖二十五年,户:一万一千七十三,乙卯冬地震大损,现在止有五万五百五十一。"地震时估计有14万人左右,死亡9万人左右。渭南:清朝光绪《渭南县志》载,明弘治年间"渭南人口有户:一万二千一百五十四,口:十五万三千七百三十八"。嘉靖年间"有户:八千四百八十四,口:七万五千六百六十五"。估计地震死亡13万人左右。泾阳:明朝天启四年《同州府志》载,嘉靖年间有人口63 441,隆庆年间有人口33 286人,估计地震死亡3万人以上。按类似情况推算,华阴、华县地震死亡10万~12万人。死亡人口上万的县西起泾阳,东至安邑,死亡人口上千人的县西起平凉,北到庆阳,东至绛县。

明《嘉靖实录》所记载的死亡人数,是地震发生当月根据各州县报以姓名者统计的,"其不知名未经奏报者,复不可数计"是完全可能的。因为清康熙五十二年以前一直以人丁计税,隐瞒人丁者各地均不少,偏僻山区无户口者更多;地震时全家覆没而漏报者不可能没有,至于隆冬地震,灾民冻饿而死和次年瘟疫及其他次生灾害而死者,尚未在统计之中。可见1556年大地震的人口死亡数字确实是十分巨大的。

一次大震造成如此惊人的高死亡率,除了地震强度大、震区人口稠密、地震发生在夜间等因素外,还因当时当地的一些局部因素加重了震害。极震区位于河谷盆地和冲积平原，松散沉积物较厚，地下水位较高，地震时砂土液化造成地基普遍失效，加重了建筑物的破坏。当时居民居住条件简陋，多居住黄土坡的窑洞，地震时黄土大量滑坡，窑洞坍塌造成巨大伤亡；地震发生在午夜时分，地震前又没有明显的地震前兆，人们没有丝毫精神准备；地震前两年间，陕西地区大旱，岁荒粮欠，灾民"天寒露处""饥寒交迫"，完全失去抗御这种巨大自然灾害的能力。这些以数十万人生命换来的经验教训，值得我们认真吸取。

 地震防范与自救

世界上最不容易发生地震的地方

在地震史上,地球的南、北极地区还从未发生过任何级别的地震,这一奇异的地质现象一直是地质学界的一个未解之谜。美国的科学家经过30多年的观测研究认为,巨大的冰层是造成南极大陆和北极的格陵兰岛内陆地区没有发生过任何地震的主要原因。

据多年观测统计,南极大陆和格陵兰岛的冰雪覆盖面分别达到90%和80%,且冰层厚度大。由于冰层的压力,其底部几乎处于"熔融"状态,同时由于冰层面积大且分量重,在垂直方向产生强烈的压缩,而这种冰层形成的巨大压力,与地层构造的挤压力达到了平衡,因而不会发生倾斜和弯曲,所以分散和减弱了地壳的形变,因而无地震发生。

世界上最容易发生地震的地方

世界上最容易发生地震的地方是美国加州帕克菲乐德。帕克菲乐德是一座古怪的小镇。它只有一栋仅一间的校舍，一所县图书馆和一条孤零零的大街。但在一家咖啡馆旁的水塔上却赫然呈现大幅"广告"：世界上最容易发生地震的地方。

过去的100多年里，里氏震级约为6级的地震曾平均每隔22年就出现一次。因为该地恰巧坐落在岩质地壳的1290千米长裂缝带，即"圣安德烈亚斯断层"的上面，而该断层正是加州屡次发生地震的震源。由于这里是研究地震活动的理想场所，因而地震学家都来此进行研究，安置各种仪器，现场观测地面运动、水位、磁场及岩石形变等，以便获取地震的前兆现象。

1966年，一次中等强度的地震袭击了帕镇，但至今还未再爆发，看来，上一世纪的22年周期并不等于固定模式。然而，戒备之心不敢放松。就当地的探测设备而论，各种手段依然坚测不撤，严密监视着该地区的地震情况。

帕克菲乐德镇上的居民，对经常活动的地震也习以为常，见怪不怪，包括地震演习在内的日常活动一律照常进行。

地震防范与自救

世界上财产损失最大、引起最大火灾的地震

世界上引起最大火灾、财产损失最大的地震是1923年日本关东发生的8.3级大地震。

1923年9月1日晨，江户市（今东京市）的工人和机关人员，急匆匆赶往工厂、政府部门上班，一切井井有条。神奈川县等地区，平静如常。人们对即将来临的灭顶之灾还毫无察觉。11时58分，人们正在坚持午餐前最后两分钟的工作。突然，地动山摇，8.3级的关东大地震发生了，几分钟内，几乎整个日本都感受到了这次剧烈的震动。震后引起大火，火光冲天，蔓延整个东京。木屋居多的东京有36.6万户房屋被烧毁，死亡和下落不明者达14万人，其中多数人是被地震引发的大火烧死的；横须贺市有3.5万户房屋被烧毁；横滨市有5.8万户房屋被烧毁。估计财产损失28亿美元。当时，在附近的海湾中，有的海底下沉了400米。一时间，无家可归、无衣无食者到处都是。震灾之后，政府垮台，天皇只得另组新的政府。

水库蓄水引发地震

1967年12月，印度柯伊那水库发生了一次6.4级的地震，大坝受到损坏，造成严重损失。这个地区原来没有发生过什么地震，可是在1962年水库开始注水，当贮水量还没有达到总容量的一半时，这里的小地震就频繁出现，5年之后，发生了这次破坏性地震。这次地震是不是水库蓄水引起的呢？人们很容易想到这个问题。事实上确实有关，世界上不少水库蓄水后都有过类似的现象。

1962年3月19日，中国的新丰江水库大坝附近发生了一次6.1级中强地震，地震后，有人整理了新丰江水库周围地区的历史地震活动资料，发现该地区是一个微震小震地区，历史上从没发生过如此强烈的地震。

水库蓄水为什么会发生地震呢？这不仅因为水库中水的重量会增加对那里地壳的压力，同时还由于水向岩层里渗透所产生的力的作用，以及岩石中的水增多后，会改变原来的性能，打乱了原来地壳中力的平衡。但这仅仅是事情的一方面，更重要的原因，是由于那里的地下存在着断裂，当水渗进断裂带以后，使断裂带两边的地基之间减少摩擦易于滑动。因此，并不是水库蓄了水就会有地震，主要还在于这里的地壳中有无可以活动的断裂，而水库蓄水只不过是一种触发作用，使这里地壳中积累的能量通过一系列小地震释放出来。对于这种地震要事先估计到它的可能性，采取工程上的预防措施，是可以保证水库安全的。中国广东河源新丰江水库在1959年10月蓄水后一个月后，开始发生很小的地震，发现后，当即严密监视地震的活动，并采取了加固大坝等措施。因此以后在1962年3月19日发生6.1级地震时，水库依然安全无恙。

水库地震多发生在水坝附近，即库水位最深的地方，水库地震的活动性与库水位的深浅关系密切，而与水库面积关系不明显。当然，并非所有修建了水库的地区都会发生地震，发生地震的水库只占水库总数的一小部分。

第二章

地震的预测

世界上第一台地动仪

世界上第一台地动仪（候风地动仪）是我国东汉科学家张衡发明的，于公元138年记录到陇西大地震。

张衡，字平子（公元78—139年），今河南南阳石桥镇人，是东汉时期具有朴素唯物主义思想的杰出的自然科学家。他于公元132年发明了世界上第一台观测和记录地震的仪器——地动仪。

根据历史资料，张衡的一生正处在地震活动比较频繁的年代，从公元96年到125年的30年中，就有23年发生过比较大的地震，特别是公元119年，一年之内就发生了两次地震。张衡在总结劳动人民智慧的基础上，通过反复实践，才创制了这一台地动仪。

地动仪是以精铜铸成，圆径八尺，合盖隆起，形似酒樽，饰以篆文山龟鸟兽之形。中有都柱，傍行八道，施关发机。外有八龙，首衔铜丸，下有蟾蜍，张口承之。其牙机巧制，皆隐在尊中，覆盖周密无际。如有地动，尊则振龙，机发吐丸，而蟾蜍衔之。振声激扬，伺者因此觉知。虽一龙发机，而七首不动，寻其方面，乃知方向。

地震预报

地震预报是指用科学的思路和方法，对未来地震（主要指强烈地震）的发震时间、地点和强度（震级）做出预报。地震预报分为"长、中、短、临"不同时期的预报。其中，长期预报是对10年左右甚至更长时期地震危险区及其地震强度预测；中期预报是1年至数年内地震危险区及其地震强度预测；短期预报是震前半个月至数月的地震预报；临震预报则是几天至十几天的地震预报。

根据对地震规律的认识，实现地震预测的基础是认识地震孕育的物理过程及在此过程中地壳岩石物理性质和力学状态的变化。

地震是大地构造活动的结果，所以地震的发生必然和一定的构造环境有关。同时，地震不是孤立发生的，它只是整个构造活动过程中的一个事件，在这个事件之前，还会发生其他事件。如果能确认地震前所发生的事件，就可以利用它作为前兆来预测地震。另外，地震的发生又带有随机性。在积累着的构造应力作用下，岩石在何时、何处发生破裂，决定于局部构造中的薄弱点及其性质，而对这些薄弱点的分布和性质常常不能清楚了解。此外，地震还可能受一些未知因素的影响，而这些因素就有可能改变最后的结果，因此，预测地震有时就归结为估计地震发生的概率问题。

根据以上这些考虑，地震的预测主要依靠下述三个方面：地震地质、地震统计和地震前兆。它们是相互依存的，因而要配合使用，综合考虑。

地震地质方法是以地震发生的地质构造条件为基础，宏观地估计地点和强度的一个途径。可用这种方法在大面积上划分未来地震的危险地带，确定不同强度的危险地区，这种方法叫做地震区域划分。由于时间尺度不明确，地震的时间预测不能依靠这一方法。

　　地震统计方法是从以往发生的地震中去探索可能存在的统计规律，估计地震的危险性，求出发生某种强度的地震的概率。统计方法的可靠程度决定于资料的丰富程度。中国历史悠久，地震资料记载翔实，丰富的史料可以为我国的地震预测提供有意义的判断依据。

　　地震前兆方法是根据地震前兆现象预测未来地震的时间、地点与强度的方法。此方法的着眼点是地震发生的地质条件和在比较大的空间、时间尺度内地震活动的变化。统计方法所指出的只是地震发生的概率和地震活动的某种"平均"状态。若要明确地预测地震的发生地点、强度和时间，还是要靠地震的前兆，所以寻找地震前兆是地震预测的核心问题。为了取得可靠的地震前兆，必须开展长期、广泛的观测和研究。

　　地震预报的目的就是减轻地震灾害，特别是解除地震对人类生命安全的威胁。因此，它应当具有高度的可靠性和准确性，虚报会引起社会不必要的恐慌，同样会带来损失。但可靠的地震预测是非常困难的，因为人类至今对地震的成因和规律还认识得很不够，在最好的情况下也只能做出很粗略的估计。

地震前的先兆

岩体在地应力作用下,在地应力逐渐积累、加强的过程中,会引起震源及附近物质发生物理、化学、生物、气象等一系列异常变化。我们称这些与地震孕育、发生有关联的异常变化现象为地震前兆(也称地震异常),它包括地震微观异常和地震宏观异常两大类。

地震的宏观异常

人的感官能直接觉察到的地震异常现象称为地震的宏观异常。地震宏观异常的表现形式多样且复杂,异常的种类多达几百种,异常的现象多达几千种,大体可分为地下水异常、生物异常、地声异常、地光异常、电磁异常、气象异常等。

1. 地下水异常

地下水包括井水、泉水等。主要异常有发浑、冒泡、翻花、升温、变色、变味、突升、突降、井孔变形、泉源突然枯竭或涌出等。当然,地下水出现异常与许多原因有关,并不是地下水异常就一定是地震引起的。另外,百姓根据在平日中积累的生活经验,总结出几条民间谚语:

井水是个宝,地震有前兆。

无雨泉水浑,天干井水冒。

水位升降大,翻花冒气泡。

有的变颜色,有的变味道。

2. 生物异常

多次震例表明，动物是观察地震前兆的"活仪器"，它们往往在震前出现各种反常行为，向人们预示地震的临近。目前已发现有上百种动物震前有一定反常表现，其中异常反应比较普遍的有 20 多种，常见的有大牲畜，如马、驴、骡、牛等；家畜，如狗、猫、猪、羊、兔等；家禽，如鸡、鸭、鹅、鸽子等；穴居动物，如鼠、蛇、黄鼠狼等；水生动物，如鱼类、泥鳅等；会飞的昆虫，如蜜蜂、蜻蜓等。有调查发现，鱼的反应最明显，猪的反应最迟钝。

常见的动物异常现象有惊恐反应，如大牲畜不进圈，狗狂吠，鸟或昆虫惊飞，非正常群迁等；抑制型异常，如行为变得迟缓，或发呆发痴，不知所措，或不肯进食等；生活习性变化，如冬眠的蛇出洞，老鼠白天活动不怕人，大批青蛙上岸活动等。

1975 年 2 月 4 日海城、营口发生的 7.3 级地震前一个半月，就有冬眠的蛇出洞，许多鹅惊慌失措，乱叫不进窝，有的还飞起来。震前一两天猪不吃食，用力爬墙、拱门等现象。

唐山地震前，有人发现家里鱼缸中的金鱼争着跳离水面，跃出缸外。把跳出来的鱼放回去，金鱼居然乱撞缸壁不止。更有奇者，有的鱼尾朝上头朝下，倒立水面，竟似陀螺一般飞快地打转。抚宁县坟坨公社徐庄的一些农民在地震前 3 天，看见 100 多只黄鼠狼，大的背着小的或是叼着小的，挤挤挨挨地钻出一个古墙洞，向村内大转移。唐山地区滦南县城公社王东庄一个农民在地震前一天，看到棉花地里成群的老鼠在奔窜，大老鼠带着小老鼠跑，小老鼠则互相咬着尾巴，连成一串。

汶川地震前绵竹市西南镇檀木村出现了大规模的蟾蜍迁徙：数十万只大小蟾蜍浩浩荡荡地在一所制药厂附近的公路上行走，很多被过往车辆轧死，被行人踩死。密密麻麻的蟾蜍布满了村道,分布在农民的菜园和空地里,大量出现的蟾蜍使一些村民认为会有不好的兆头。而同期在江苏省泰州市也出现了类似的现象,在当地东风桥路面上,成千上万只深褐色、指甲盖大小的癞蛤蟆结队穿越公路。这些新繁殖的小家伙是经由一座引坡而从老通扬运河里爬上大桥的,它们排成了一道浩浩荡荡的长队,向桥北慢慢爬去,显得很有"秩序"。

动物为什么能事前知道地震?这是因为许多动物的器官对地震灾害特别敏感,它们比人能提前知道灾害的来临。

一些动物的听觉大大优于人类的听觉。比如,人耳只能听见音频为 1000~14 000 赫兹的声波,而猫、狗和狐狸却能听到音频高于 60 000 赫兹的声音,至于老鼠、蝙蝠、鲸鱼和海豚,可以发射和接收音频超过 100 000 赫兹的超声波。除了超声波,动物们还能传感音频每秒钟只有 100 赫兹或不到 100 赫兹的次声波,次声波不仅我们的耳朵听不出来,就是地震仪器也极少能把它测定出来。因此,它们能遥感出数百千米之外雷电和洋底海啸的声波。

中国科学院对鸽子与地震关系进行了实验观察,发现鸽子腿部的胫骨和腓骨骨膜之间,有一种椭球状小体,比小米还小,约有百余颗,有神经连着,形如一串葡萄。它们对震动十分敏感,刺激振幅达十分之几微米,就引起神经电发生。生物物理所用 100 只鸽子实验,将 50 只鸽子腿上的小颗粒切除,另 50 只保留不动,在 4 级地震前,后者惊飞不已,前者安静如常,说明切除鸽子腿部颗粒后,它们对震动的敏感性大大降低。

有些植物在震前也有异常反应。如 1971 年 12 月 30 日长江地区发生 4.75 级地震前,一颗包好的黄芽菜,在顶部抽心开花;青菜在叶子上开花;芹菜应在春天开花,结果提前在 12 月就开了花;山萸藤也开了花;竹笋在农历九月就开了花。无独有偶,1975 年 2 月 4 日在营口地震前一年的 11 月下旬,杏树也"异常"地开了花。

3. 气象异常

人们常形容地震预报科技人员是"上管天,下管地,中间管空气",这的确非常形象。地震前,天气也常常出现反常现象。主要有震前闷热、久旱不雨

或阴雨绵绵、日光晦暗、怪风狂起、六月冰雹等，这些现象如频繁出现，人们则应加强警惕，多多观察是否有其他更多异常现象。

4. 地声异常

地声异常是指在大地震发生的时候，普遍有发出声响的现象，这就是地声。其声有如炮响雷鸣，也有如载重车行驶、大风鼓荡等多种多样。当地震发生时，有纵波从震源辐射，沿地面传播，使空气振动发声。由于纵波速度较快但势弱，人们只闻其声，而不觉地动，需横波到后才有动的感觉。所以，震中区往往有"每震之先，地内声响，似地气鼓荡，如鼎内沸水膨胀"的记载。如果在震中区，3级地震往往就可听到地声。地声是地下岩石的结构、构造及其所含的液体、气体运动变化的结果。地震和地声是同时发生的，不过前者是在固体中传播，后者是在空气中传播，由于传播介质不同，因此，通常人们听到地声的时候，地震马上就要发生了，其间歇不过几分钟，甚至更短。因此在听到地声时，敏捷地跑出危险区还来得及，稍一迟缓就来不及了。但是地声的出现也并非完全源于地震，也许是地下岩石破裂发出的声音，具体原因还有待研究。

5. 地光异常

地光是指大地震时人们用肉眼观察到的天空发光的现象。地光出现的时间大多与地震同时，但也有在震前几小时和震后短时间内看到的。地光在文献中有不少记载，1965—1967年，日本松代地震群期间，就留下难得的地光照片。中国1975年辽宁海城地震和1976年河北唐山地震，震前的地光现象非常突出。地光的形状有带状光、闪光、柱状光、片状光等，颜色也是多种多样的。低空大气中出现的片状光、弧状光和带状光等多为青白色，地面上冒出的火球、火团则多为红色。

一般情况下，小地震不易引起地光现象，只有那些比较大的地震才可引起地光现象。由于一次大地震影响范围很大，因此，当有地光发生时，即使人们离地光发生处较远，也是可以看得到它的。例如唐山地震时，居住北京地区的人就曾看到过唐山地震引起的地光。

地光的出现，往往预示着大地震很快就要发生了，如果此时能够迅速地采取一些避震措施，是有可能避开或减小地震灾害的。例如1975年2月4日海城地震前，一列从大连开往北京的客车在行驶途中，司机突然发现列车前方有大片紫红色的耀眼亮光，司机马上猜想到可能是地光，于是采取措施紧急停车，列车刚刚停稳，大地震就发生了，从而避免了一场车翻人亡的重大事故。再如，1976年7月28日唐山地震前，一些人因故连夜进城，在城外看到了明亮的蓝白色地光，于是没有贸然进入唐山，结果不出10秒钟，唐山一带山崩地裂，举世震惊的唐山大地震爆发了。

6. 地气异常

地气异常是指地震前来自地下的雾气，又称地气雾或地雾。这种雾气具有白、黑、黄等多种颜色，有时无色，常在震前几天至几分钟内出现，常伴随怪味，有时伴有声响或带有高温。

翻阅我国地震的历史资料，便可发现在许多大地震发生前，出现"天昏地暗"的现象。1920年12月16日宁夏海原8.5级地震时，天空突然昏黑，正在赶车的人居然看不见车前的牲口。1975年2月4日辽宁海城7.3级地震前不久，人们观察到本来还可看见

的星空突然变得昏黑，伸手不见五指，但地震过去以后又很快地亮了起来。地气雾还常有臭味，例如1925年云南洱海中大地震之前，人们都闻到了一种臭味，而且多为硫黄味夹带臭鸡蛋味、沥青味等，闻了使人不舒服，个别人甚至被熏倒。以这种特点为线索，人们发现这种地气雾不仅在大震时，震前好些天

可能就已开始出现了，如1975年海城大地震前几天至二十几天，在海城、营口、盘山、锦县、丹东、辽阳、凤城、岫岩一带就有人闻到了这种气味。

虽然地气雾究竟是什么东西还未查明，但这种现象的存在是毫无疑问的。

7. 地动异常

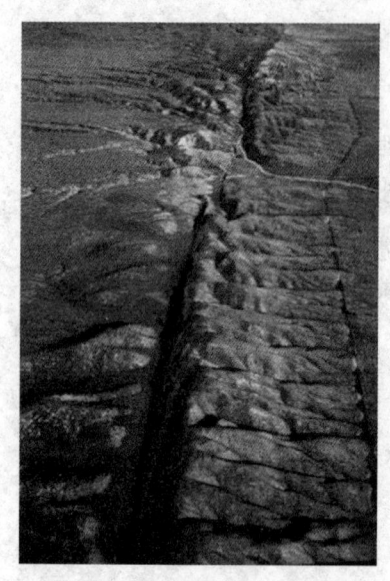

地动异常是指地震前地面出现的晃动。地震时地面剧烈振动，是众所周知的现象。但地震尚未发生之时，有时也会感到地面晃动，这种晃动与大地震时不同。最为显著的地动异常出现于1975年2月4日海城7.3级地震之前，从1974年12月下旬到1975年1月末，在丹东、宽甸、凤城、沈阳、岫岩等地出现过17次地动。

8. 地鼓异常

地鼓异常指地震前地面上出现鼓包。1973年2月6日四川炉霍7.9级地震前约半年，甘孜县拖坝区一草坪上出现一鼓包，形状如倒扣的铁锅，高20厘米左右，四周连续出现裂缝，鼓起几天后消失，反复多次，直到发生地震。与地鼓类似的异常还有地裂缝、地陷等。

9. 电磁异常

电磁异常指地震前家用电器如收音机、电视机、日光灯等出现的异常。最为常见的电磁异常是收音机失灵，在北方地区日光灯在震前自明也较为常见。1976年7月28日唐山7.8级地震前几天，唐山及其邻区很多收音机等电磁产品无故失灵，声音忽大忽小，时有时无，调频不准，有时连续出现噪声。

地震宏观异常在地震预报尤其是短期预报和临震预报中具有重要的参考作用，1975年辽宁海城7.3级地震和1976年松潘、平武7.2级地震前，地震工作者和广大群众曾观察到大量的宏观异常现象，为这两次地震的成功预报提供了重要资料。不过也应当注意，上面所列举的多种宏观现象可能由多种原因造成，不一定都是地震的预兆。例如井水和泉水的涨落可能与降雨的多少有关，也可能受附近抽水、排水和施工的影响；井水的变色变味可能因污染引起；动物的异常表现可能与天气变化、疾病、外界刺激等有关；还要注意不要把电焊弧光、闪电等误认为地光；不要把雷声误认为地声；不要把燃放烟花爆竹和信号弹当成地下冒火球。一旦发现异常的自然现象，不要轻易做出马上要发生地震的结论，更不要惊慌失措，而应当弄清异常现象出现的时间、地点和有关情况，保护好现场，向政府或地震部门报告，让地震部门的专业人员调查核实，弄清事情的真相。

植物重花重果是地震前兆吗

在强烈的地震前，动物会有各种各样的异常反应。一些植物在地震前也是有反应的，例如提前出芽、开花、重花、重果等。据有关资料：1668 年 7 月 25 日山东郯城 8.5 级地震的前一年有"十月桃李华，林擒实（结果）"的描述；1852 年黄海 6 级地震前有"咸丰元年竹尽花，兰多花蒂，重花结实"，"咸丰二年夏大水，秋桃、李重华，冬地震"的记载；1975 年海城地震前一年的 11 月，有的杏树开了花；1976 年初唐山一带的梨树及其他许多植物都提前开花，甚至开两次花，还有竹子开花、柳树枯梢、果树带果开花等现象；1976 年松潘地震前，素有"熊猫之乡"的平武境内，箭竹大面积枯死，以至造成熊猫因缺食而饿死的现象。

但是引起植物异常的其他原因更多更普遍。比如反常的气候可能使植物先发生枯萎，再重新发芽；暖冬可使向阳地带的植物在冬季重花或发芽；暖春可使植物提前开花发芽；病虫害可使正常生长发育的植物落叶掉果，随后又再次发芽；不适时令的整枝修剪也会迫使植物违反节气开花发芽等。由此可见，根据植物的异常现象预测预报地震难度是比较大的，一定要对异常现象做深入细致的调查研究，一定要把其他各种可靠的前兆异常作为依据，而把植物的重花重果作为参考。

动物为什么能预知地震

大量事实表明，动物对地震的预感要比人灵敏得多，1948年，苏联阿什哈巴德大地震的前两天，有人看到许多爬行动物大量出现，便向有关部门做了报告，但没有引起重视，结果导致惨重损失；1968年，亚美尼亚地震前的一个小时，几千条蛇穿过公路大规模迁徙，以致影响了汽车的通行；1978年，中亚的阿赖地震时，蜥蜴在地震前几天、蛇在震前一个月就离开了冬眠的地方，爬出洞穴，冻死在雪地里；我国唐山大地震前，动物的异常反应也很明显，如地震前一天，有人在棉花地里见到大老鼠叼着小老鼠跑，小老鼠依次咬着尾巴排成一串跟着，成百只黄鼠狼倾巢而出，向别处转移，并不停地嚎叫，很不安宁。

随着对地震研究的深入，人们发现，震前动物异常地区的分布并不是任意的，而是沿着震源的地质构造线两侧分布。例如，海城地震前，动物异常集中分布在东北和西北两条断裂带两侧；1976年，内蒙古的一次地震，动物异常集中分布在与长城走向一致的断裂带上，越过断裂带向北，动物异常反应就没有了。另外，地震前动物的异常反应在地区上有点状分布的现象，有的地方异常反应很突出，有的地方则不明显，这显然不是偶然现象，而是与地下断裂等分布情况有关。唐山地震前的夜里，丰南县养鸡场的鸡有30%乱飞乱跳，三个值班的同志以为鸡生病了,不敢睡觉,观察鸡的变化,突然大地震发生了,三人都跑了出来,并发现,鸡舍底下有一条大的地裂缝,正在冒着很难闻的气。

现在,人们已基本认可动物预知地震的现象,但地震源以什么信号刺激动物、动物又以什么方式接收了这些信号,却还没有弄清楚。

动物的异常反应与地震有关系吗

在大地震发生前的几天或几小时,一些动物往往会出现惊恐不安狂奔乱叫,萎靡不振、不思饮食等异常行为。有关动物与地震的关系研究结果表明,在自然界中,较大地震前有异常表现的动物约有58种,其中最常见的有狗、牛、马、驴、猪、羊、鸡、鸭、鹅、鸽子、兔、猫、蛇、鱼等。

那么,为什么大震前会有动物行为异常反应呢？一些研究结果表明,当某一地区一个较大地震临近发生时,其地表和地下的一些物理化学因素就会发生超常变化,如地声、地温、振动波、电磁波、水中的化学成分等,这些因素的超常变化,就会刺激某些动物,而这些动物的神经感知器官要比人类的某些神经感知器官灵敏得多。因此,当地震活动增强而引起自然界中的诸多物理化学因素发生改变时,某些动物就会出于本能地做出反应。

在我国,震前动物异常,曾对一些较大地震的成功预报起到了重要作用。如1969年7月18日渤海7.4级地震和1975年2月4日海城7.3级地震的成功预报。

但必须指出的是,并不是凡有动物异常就一定有地震发生。由于能够造成动物出现异常行为反应的因素很多,例如季节变化,气候影响,环境的改变以及动物本身的生理活动及病理情况等,都可能造成动物的行为异常。所以,动物行为异常反应并不都是由地震引起的。况且动物还有适应性,也不是每次地震前所有的动物都会出现行为异常反应。因此，对动物的异常反应要注意观察，认真分析研究，排除各种与地震无关的因素；同时还要注意研究出现异常的动物种类、数量和范围及集中程度，并结合其他多种观测资料，加以综合判断，切勿草率行事。

地震的微观异常

人的感官无法觉察，只有用专门的仪器才能测量到的地震异常称为地震的微观异常，主要包括以下几类。

1. 地震活动异常

大小地震之间有一定的关系。大地震虽然不多，中小地震却不少，研究中小地震活动的特点会帮助人们预测未来大地震的发生。

2. 地形变化异常

大地震发生前，震中附近地区的地壳可能发生微小的形变，某些断层两侧的岩层可能出现微小的位移，借助于精密的仪器，可以测出这种十分微弱的变化。分析这些资料，可以帮助人们预测未来大地震的发生。

3. 地球物理场的变化

在地震孕育过程中，震源区及其周围岩石的物理性质可能出现一些变化，利用精密仪器测定不同地区重力、地电和地磁的变化，也可以帮助人们预测地震。

4. 地下流体的变化

地下水（井水、泉水、地下岩层中所含的水）、石油和天然气及地下岩层中还可能产生和贮存的一些其他气体，这些都是地下流体。用仪器测定地下流体的化学成分和某些物理量，研究它们的变化，也可以帮助人们预测地震。

不可准确预测的地震

国际上公认的、有科学和应用意义的地震预测必须较准确地估计出未来地震的发震时间、发震地点和震级这三个参数,一个都不能少。曾有科学工作者提出以下判别标准:对地震预测依据的可观测量有定量描述,对未来地震的发震地点、发震时间和震级给出定量描述,包括误差范围,有详细的事先预测文字记录,过去曾做过成功的和失败的详细预测记录。多年的研究和实践证明,要完全达到这些标准是非常困难的,这有多方面复杂多样的原因。最重要的是,目前人类探测技术有限,对地球内部的了解还差得很远,正如人们所说的,上天容易入地难。人们对地震发生的规律性也没有完全弄明白,而且可能有的地震前兆、地震的类型多种多样,不同地区之间也有很大差别,没有普遍适用的经验可循。自邢台地震以来,我国地震工作者进行了40多年的探索和实践,积累了一些经验和知识。地震预报的目前状况是,在一定条件下,只有在观测到明显的前震(大地震发生前的小地震)活动和其他异常现象时,才有可能提前做出一定程度的预报,例如1975年辽宁海城发生的7.3级大地震。如果没有明显的前震活动,即使有其他异常现象,有时也很难事先察觉到并及时做出比较准确的预测,例如1976年河北唐山发生的大地震。目前,国际上对地震是否能够

预测仍存在争议。一部分科学家认为，目前地震是不可能准确预测的，防震减灾的重点，就是加强工程抗震能力，也就是使建筑物、房屋更加牢固，即使发生大地震，也不会垮塌造成人的伤亡，至多出现裂缝等轻微破坏。也有一部分科学家坚持，在一定条件下，可以对未来大地震做出预测，这样的探索研究还应坚持下去。

地震预报困难的另一个原因是因为地震预报是政府行为，有关主管部门要发布地震预报，先要找从事地震预测工作的有关专业人员开会商议。由于预测手段不同，不同的地震观测台站根据不同的前兆异常得出的预测结论常常有很大分歧，谁也说服不了谁，最后导致有关主管部门很难做出决断。

面对地震预测预报的现状，除了加强地震短期预测、临震预测的探索研究外，还要加强防震减灾工作，因为它是减轻地震灾害的最有效措施。

地震预测的难题

由于地震过程的复杂性、无法直接探测震源和地震预报实践较少等原因，人类还很难完全准确地预报地震。地震预测至今仍是一个世界性科学难题。

气象预报能告诉我们雷阵雨即将发生，但是对于给人类带来巨大灾难的地震，能不能预测呢？

地震预测的现状

地震预测通常分为长期（10年以上）、中期（1~10年）、短期（10~100天）和临震（1~50天）预测。

20世纪60年代以来，日本、美国、苏联和中国的科学家们都在积极进行地震预测的研究。目前全球范围内已经建立了比较广泛的地震监测台网，科学家们还通过超深钻井等手段获取更多的地球内部信息。但是人类地震预报的水平还仅限于通过对历史地震活动的研究，对地震活动做出粗略的中长期预报。在短期和临震预报方面主要还是依靠传统的地震前兆观测和监测，仍处于经验性的预报探索阶段。

地震预测的难度

地震预测之所以成为难题，主要原因有三个：

第一，地震过程的复杂性。地震是地壳构造运动的产物，我们对地壳的分布情况，构造活动的性质、强度等，现在仍知之甚少。我们对于地震发生的规律的认识非常少，认知程度非常低。

第二，震源情况无法直接探测。地震大多发生在地下 15 千米左右的地壳中。人们无法直接探测震源情况。

第三，地震预报实践机会少。具有破坏性的 7 级以上的地震，大部分发生在海沟或人烟稀少的地区，而大陆地区强烈地震在同一区域重复发生的周期往往在百年或千年以上。因此，人们从事地震预报的实践机会较少。

我国曾成功预报了辽宁海城、四川松潘和盐源等地强烈地震，创造了世界科学史上的奇迹，但也有未能预报 1976 年唐山大地震和 2008 年汶川大地震的遗憾。这种强烈反差，恰恰说明了准确预报地震的困难性。

我国鹫峰地震台

我国自建的第一个地震台是 1930 年建成的鹫峰地震台,距今已有 83 年了。

鹫峰地震台位于北京西山鹫峰,它是当年中央地质调查所的一个下属机构。当时担任地质调查所所长的翁文灏,很重视地震地质的研究。1920 年甘肃发生大地震,翁文灏曾与王烈、谢家荣等奔赴现场,在艰苦的条件下进行过详细的调查。通过那次调查,翁文灏深切感到要加强中国的地震研究,必须建立地震台,并需要有物理学基础的人参加,才能取得更完善的资料。

鹫峰地震台的建台工作,始于 1928 年。当时北平的一位名律师林行规,同丁文江、翁文灏等地质界人士有很深的交情,且颇热心于科学事业。他得知地质调查所要建立地震台,便主动把他在鹫峰新建别墅旁的一块空地捐给地质调查所,做建地震台之用。与此同时,翁文灏还通过清华大学教授叶企孙的介绍,请了李善邦来担任这项研究工作的负责人。

李善邦（1902—1980年）是广东兴宁人。1925年毕业于南京东南大学物理系。1929年他应聘之后，先去上海，在徐家汇法国天主教会办的地震台考察和学习了一段时间，随后赴鹫峰地震台任职。1930年初，鹫峰地震台建成，并安装了德国的小型维歇尔式机械地震仪。以后，又从爱沙尼亚订购了当时世界上最先进的地震仪——伽利清·卫利普式电磁地震仪。

鹫峰地震台从1930年9月20日开始记录，每月把记录到的震相到达时间编成月报，与世界各地震台交换。到1937年7月，抗日战争爆发为止，共记录了2472次地震，中间未曾间断。对其中重要的地震，还参考和利用其他地震台交换来的资料，定出震中位置及震源深度等数据，进一步加以分析和研究，编成鹫峰地震研究室专报出版。鹫峰地震台的仪器设备、管理水平及记录质量等，都已达到了当时世界的一流水平。加之鹫峰台地处在亚洲地震台站较少的地区，所以观测结果及研究报告很受世界同行的重视。

抗日战争爆发后，鹫峰地震台被迫停止工作。地震台的伽利清·卫利普式电磁地震仪拆卸后运到燕京大学存放，维歇尔式机械地震仪因不便拆运，留在鹫峰。抗战期间，李善邦、秦馨菱、贾连亨等鹫峰地震台的工作人员都相继离去，原鹫峰地震台的房屋则被抗日游击队作为指挥部使用。鹫峰地震台的历史，从此告终。

地震能预报吗

地震和刮风下雨一样，都是一种自然现象，在它来临之前是有前兆的，特别是强烈地震，在孕育过程中总会引起地下和地上各种物理及化学变化，给人们提供信息，只要人们认真观测并掌握地震前兆的规律，地震预报总有一天会实现。

在地震预报方面，我国地震工作者已经取得可喜的成绩。1975年2月4日海城7.3级地震时，我国做出了成功的预报，这是人类历史上的第一次成功的地震预报。在其后又成功地预报了1976年5月29日云南龙陵7.3级地震和1976年8月16日、8月29日在四川松潘、平武之间发生的两次7.2级地震。最近十几年又有几次较好的地震预报。

成功的地震预报不但极大地减轻了人员伤亡，而且具有明显的经济效益和社会效益。这些震例说明地震是有前兆的，是可以预测、可以预防的。在震前的一段时间内，震区附近总会出现一些异常变化。如地下水的变化，突然升、降或变味、发浑、发响、冒泡。气象的变化，如天气骤冷、骤热，出现大旱、大涝。电磁场的变化，临震前动物、植物的异常反应等。根据这些反应进行综合研究，再加上专业部门从地震机制、地震地质、地球物理、地球化学、生物变化、天体影响及气象异常等方面利用仪器观测到的数据进行处理分析，可以对发震的时间、地点和震级进行预报。如海城1975年的7.3级地震的成功预报，就是一例。但是，由于地震成因的复杂性和发震的突然性，以及人们现时的科学水平有限，直到目前地震预报还是一个世界性的难题，在世界上尚无一个可靠途径和手段能准确地预报所有破坏性地震。为此各国地震工作者和专家都在努力探索。但是，地震预报是当代科学难题之一，地震预报远没有过关，还停留在半经验半理论阶段，全球每年在陆地上发生的几次七级以上地震及我国近些年发生的一些中强地震，特别是1976年唐山7.8级大地震都未能做短临预报。这些地震给人类带来了极大的灾难。因此，地震预报需要全世界科学家的共同努力，需要全社会的共同关注，需要地震工作者几代人的艰苦奋斗才有可能最终在理论上攻克。

发布地震预报的规定：地震预报一般由省级人民政府发布，情况紧急时，可由市、县人民政府发布48小时内的临震警报，并同时向上级报告。北京地区的地震预报则由国家地震局负责提出，经国务院批准后，再由北京市人民政府向社会发布。其他任何单位和个人都无权发布地震预报消息。我国目前的地震预报水平的状况，大体可以这样概括：我们对地震孕育发生的原理、规律有所认识，但还没有完全认识；我们能够对某些类型的地震做出一定程度的预报，但还不能预报所有的地震，我们做出的较大时间尺度的中长期预报已有一定的可信度，但短临预报的成功率还相对较低。我国的地震预报由于国家的重视和其明确的任务性，经过一代人的努力，已居于世界先进行列。在第四个地震活跃期内，曾成功地对海城等几次大震做过短临预报，因此经联合国教科文组织评审，作为唯一对地震做出过成功短临预报的国家，被载入史册。但是从世界范围说，地震预报仍处于探索阶段，人类尚未完全掌握地震孕育发展的规律，我们的预报主要是根据多年积累的观测资料和震例，进行经验性预报。因此，不可避免地带有很大的局限性。

在我国，地震预报的发布权在政府。属于地震系统的任何一级行政单位、研究单位、观测台站、科学家和任何个人，都无权发布有关地震预报的消息。

如何监测地震

地动仪目前应用于地震监测的主要手段及方法有以下几种。

1. 测震

记录一个区域内大小地震的时空分布和特征,从而预报大地震。人们常说的"小震闹,大震到",就是以震报震的一种特例。当然,需要注意的是"小震闹"并不一定导致"大震到"。

2. 地壳形变观测

许多地震在临震前,震区的地壳形变增大,可以是平时的几倍到几十倍。如测量断层两侧的相对垂直升降或水平位移的参数,是地震预报重要的依据。

3. 地磁测量

地球基本磁场可以直接反映地球各种深度乃至地核的物理过程,地磁场及其变化是地球深部物理过程信息的重要来源之一。震磁效益的研究有其理论依据和实验基础,更有震例的事实。

4. 地电观测

地震孕育过程中,将伴随有地下介质(主要是岩石)电阻率的变化及大地电流和自然电场的变化,由于这些变化与岩石受力变形及破裂过程有关,因此提取这一信息可以预测地震。

5. 重力观测

地球重力场是一种比较稳定的地球物理场之一,它与观测点的位置和地球内部介质密度有关。因此,通过重力场变化可以了解到地壳的变形、岩石密度的变化,从而预测地震。

6. 地应力观测

地震孕育不论机制如何，其实质是一个力学过程，是在一定构造背景条件下，地壳体中应力作用的结果。观测地壳应力的变化，可以捕捉地震前兆的信息。

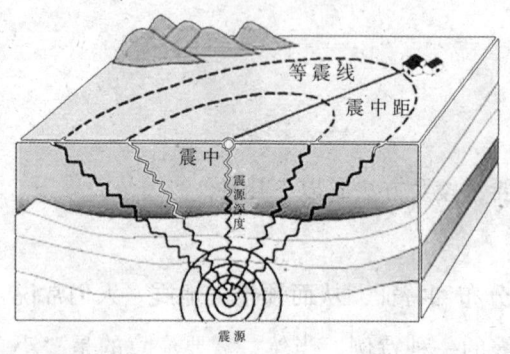

7. 地下水物理和化学的动态观测

地下水动态在震前异常现象，宏观现象如水井水位上涨，水中翻花冒泡、井水变色变味等；微观现象如水化学成分改变（如水中溶解氡气量变化等），固体潮（天体引潮力引起的地下水位涨落现象——就像海水潮涨落一样）的改变等。通过地下水动态的观测，可以直接地了解含水层受周围的影响情况和受力的情况，从而进行地震预报。

类似这样的经常性的监测手段和预报方法还有不少。地震学家们根据多种手段观测的结果，综合考虑环境因素、构造条件和地球动力因素等，提出慎之又慎的分析预测意见。

气象与地震的关系

"上看天,下看地,天地变化有联系。"我国人民早就注意到一些强烈地震前所出现的气象异常。我国历史文献所描述的大震前的"地惨天昏蒙黑雾""天昏惨,月益无光"以及"晚不生寒,朝不见露""日色正赤如血""闷热异常,人不能寐"等现象,有些就属于地震的气象前兆。人们利用这种前兆,成功地预知了一些地震。科技工作者对气象与地震的

关系进行了比较深入的调查研究,已初步得到了一些认识。

(1) 有些地震与强冷气团的移动关系密切。1967年5月11日西北发生的一次6.2级地震,就是在一股强冷空气自阿拉木图西进,气压发生很大变化之后发生的。

(2) 震区气候显著变暖(或变冷)也可以是强震的前兆。1954年2月11日甘肃山丹7级地震和1975年海城、营口地震前,气温也是变得特别暖和。而1966年3月邢台地震前20天左右,当地气温则降到10多年以来的最低点。

(3) 多年不遇的涝旱或大暴雨激发地震最突出。1963年河北邢台地区发生了百年不遇的特大洪水,1964年又遭受了40多天的涝灾,到1965年却又出现

了几十年没有见过的大旱,紧接着 1966 年发生了强烈地震。1970 年云南通海地震也发生在大涝大旱之后。1975 年海城、营口地震前,头年秋季雨水特别多。从历史记载来看,1830 年河北磁县大地震,1889 年河北大名强烈地震之前也都有大旱大涝。归纳起来,大致有"涝—旱—震"和"旱—涝—震"两种类型。

  上述种种震前的气象异常,为地震的中、短期预测提供了一定的依据。但因造成气象变化的因素较多,所以并不是每次特异的气象变化都能激发强震的发生,也不是每一次强震前都有气象异常。在实际工作中,必须把震前气象异常和正常的气象发展过程区别开来,才能收到较好的效果。

现代地震仪

记录已发生地震的仪器叫地震仪。世界上最早的地震仪是我国东汉时期的科学家张衡于公元132年发明的。公元138年，他设置在洛阳的地动仪检测到了一次发生在甘肃省陇西的地震，这是人类历史上第一次用地震仪器检测到地震。1889年英国人米尔恩（J. Milne）和尤因（J. A. Ewing）安置在德国波茨坦的现代地震仪记录到了发生在日本的一次地震，获得了人类历史上第一张地震图。以后，地震仪有了很大的发展。

现代地震仪是利用摆的原理和惯性原理制成的，可以自动记录地表振动。最简单的摆是挂在细线上的小重球，这叫单摆。如果忽略线的质量，并把重球的质量看成集中在球心一点，这种"摆"叫"数学摆"。质量分布比较复杂的摆叫"物理摆"。任何一个摆，当重锤偏离平衡位置然后被放开的时候，如果没有其他外力作用，就会因重力而产生固有振动。固有振动的周期称为固有周期，当一个物体可以由另一个和它固有周期相同的物体的振动而激发起振动的现象称之为共振。

地震仪的主要部分就是一个物理摆。发生地震，地表振动的时候，摆的支架和记录滚筒的支架均随地表运动，但重锤由于惯性作用而维持不动，这样，重锤与随地表一起运动的滚筒之间就产生了一个相对运动，我们在摆锤上悬挂一个笔尖，使笔尖能在匀速转动的记录滚筒上把摆锤的运动（实际是地面的运动）轨迹记录下来，这就是地震波曲线，记录的图纸就是地震图。地震图上记录的振动方向，与地表方向相反。这就是地震仪的基本工作原理。近代地震仪一般包括拾震器、放大器和记录装置三个系统。

地震时的地面运动非常复杂,为了便于分析研究,通常用三个单自由运动的摆,来分别记录东西、南北和上下方向的振动。

地震信号的记录方式主要有3种:

可见记录,用一个与地震仪检波器相接的特制笔尖把地震信号记录在一张不停地向前运动着的纸上。用这种方式记录,观测者可以随时看到记录到的地震波形。

照相记录,把地动信号先变成电信号,再送入一个镜式灵敏电流计中,供反射光点把地动记录在照相纸上。

磁带记录,把地震信号用模拟或数字方式记录在磁带上。它的优点是体积小,容量大,便于保存、复制和携带。这种记录方式为数字化处理地震图提供了极大的方便。

以上传统的地震仪的记录曲线是连续的,这种记录方式我们称之为"模拟记录",此类地震仪称为模拟地震仪。模拟地震仪的弹簧和重锤或者其他的机械元件都有它自身的"自振周期",因此机械传感器的结构和性能决定了模拟地震仪只能记录到地面运动的优势周期,所记录到的地面运动频带较窄,即短周期地震仪只能记录近震,中长周期地震仪只能记录远震。其次,模拟地震仪的动态范围,就是所能记录到的最大的地面运动和最小的地面运动的比值(在地震学中通常使用这一比值的对数,这个对数乘以20就是"分贝数")很小,即如果把模拟地震仪调节到比较灵敏的程度,可记录到小地震,那么同一个地方发生的大地震的波形就会被"限幅",把超过一定幅度的信号削去了,造成波形畸变;反之,如果把模拟地震仪调节到适于记录大地震时,则地震仪就会很不灵敏,记录不到小地震。

20世纪70年代后,两项关键性的技术的引入,解决了这两个问题。一个是电子反馈技术,就是无需"劳驾"传感器自己振动,而是用试图阻止这种振动所必须提供的电流来作为地震仪的输出,这就避免了传感器自身的"自振周期"的限制,从而使宽频带的地震观测成为可能。

另一个是数字化技术。数字化技术的采用使得地震仪可以"聪明"地根据地面运动的大小来调整自己的放大倍数,这就使得大动态的地震观测成为可能。此外,由于波形直接储存到计算机,电脑的处理为地震速报提供了极大的方便。另外它比较高的精度使地震记录包含了更丰富的地震震源和地球介质的信息,特别适合于对地震震源和地球内部结构的研究。因此,宽频带、大动态、高精度的数字化地震仪成为目前地震学家研究地震波、地球内部结构和地震本身的最有力的工具。

地震防范与自救

地震监测台网的用途

地震监测台网是用来监测地震活动和记录地震的。为了研究和监测某一地区的地震活动，可布置一个区域台网，区域台网由几十个至百余个地震台组成，各台相距不等，有的相距数千米，有的几十千米，有的甚至有百余千米。各台检测到的地震信号传到一个台网中心，加以记录处理。如果是一些诸如侦察地下核爆炸的特殊任务，可布设一个排列形式特殊，由几十个地震台组成的台阵。为了在预期将发生地震的地区观测前震和主震，或为了研究大震的余震，还可布设一个由10～20个地震台组成的流动台网或临时台网。地震活动平息以后，即可转移到其他地区进行观测。

地震台网的一个重要用途，就是在地震发生之后，能很快地给出地震有多大、地震在哪里发生等一系列信息，这就是所谓的"大震速报"。"大震速报"是政府进行决策的一个非常重要的依据，如遇到灾难性的大地震，"大震速报"可为各级政府争取时间，在最短的时间内组织社会力量，最大限度地挽救生命，全力以赴投入抗震救灾，减少损失。1976年河北唐山地震发生后，3个小时还不知道震中的确切位置在哪里；而2008年5月12日的四川汶川大地震发生后，我国地震台网在10分钟之内就准确地找到了震中，为党中央、国务院领导部署抗震救灾争取了时间。通过两次地震灾害的两种不同结果可以看出，

我国地震监测台网 30 多年的发展和进步。

另外，在强地面运动研究和地震危险性研究中，用地震台网记录到的地面运动和地震的资料作为输入参数。地震监测是预防地震和减轻灾害的基础。1949 年中华人民共和国成立以后，我国的地震观测网建设得到了很大的发展，特别是 1966 年河北邢台地震以来，我国建成了覆盖全国大部分地区，包括形变、测震、流体、电磁四大学科几十种观测手段的数字化综合性地震监测台网。"十五"期间，我国通过实施数字地震观测网络项目，建成了 1200 多个国家、省和市（县）三级管理的地震监测台站。建立了 15 000 余个群众监测点，布设了总长度达数万千米的流动观测线路，形成了固定观测与流动观测相结合、多种学科相结合、专家群众相结合的覆盖全国的地震观测网络，从而进一步提高了我国地震速报能力和地震监测能力，大大提升了地震发生后的应急处理水平。目前，首都圈地区可以监测 1.0 级以上地震，速报时间在 10 分钟之内；省会城市和东部地区可以监测 1.5 级以上地震，速报时间在 15 分钟之内；其他地区可以监测 3.5 级以上地震，速报时间在 25 分钟之内。

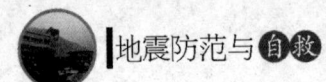 

地震预兆的民谣

由于地震的多发性和破坏力的巨大,广大人民群众对地震的发生与地震前兆异常现象进行了深入的观察,并总结出许多预知地震的经验。其中有些内容更是被编成了民谣,对于向人民群众普及地震知识有着特殊的作用,现在我们摘录几首如下。

其一:
井水是个宝,前兆来得早。
无雨泉水浑,天旱井水往外冒。
水位大升降,翻花打旋冒气泡。
有的变颜色,甜水变成苦味道。
天变要下雨,水变地震要来到。
建立观察网,发现异常快报告。

其二:
地下水,有前兆。
不是涨,就是落。
甜变苦,苦变甜。
又发浑,又翻沙。
见到了,要报告。
为什么?闹预报。

其三：
震前动物有预兆，群测群防很重要。
牛羊骡马不进圈，猪不吃食狗乱咬。
鸭不下水岸上闹，鸡乱上树高声叫。
冰天雪地蛇出洞，大猫携着小猫跑。
兔子竖耳蹦又撞，鱼跃水面惶惶跳。
蜜蜂群迁闹哄哄，鸽子惊飞不回巢。
家家户户都观察，综合异常作预报。

其四：
牛马驴骡不进厩，猪不吃食拱又闹。
羊儿不安惨声叫，兔子竖耳蹦又跳。
狗上房屋狂吠嚎，家猫惊闹往外逃。
鸡不进窝树上栖，鸽子惊飞不回巢。
老鼠成群忙搬家，黄鼠狼子结队跑。
冰天雪地蛇出洞，冬眠动物夏苏早。
蜻蜓大群定向飞，蜜蜂群迁跑光了。
青蛙蛤蟆细无声，鱼翻白肚水上跃。
野鸡乱叫怪声啼，蝉儿下树不鸣叫。
园中虎豹不吃食，熊猫麋鹿惊怪嚎。
大鲵上岸哇哇叫，金鱼出缸笼鸟吵。

其五：
响声一报告，地震就来到。
大震声发沉，小震声发尖。
响得长，在远程；响得短，离不远。
先听响，后地动，听到响声快行动。

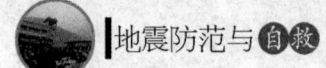

其六:

上下颠一颠,来回晃半天。

离得近,上下蹦;离得远,左右摆。

上下颠,在眼前;晃来晃去在天边。

房子东西摆,地震东西来;要是南北摆,它就南北来。

其七:

喷沙冒水沿条道,地下正是故河道。

冒水喷沙哪最多?涝洼碱地不用说。

豆腐一挤,出水出渣;地震一闹,喷水喷沙。

洼地重,平地轻;沙地重,土地轻。

其八:

砖包土坯墙,抗震最不强。

酥在颠劲上,倒在晃劲上。

其九:

地震闹,雨常到,不是霪来就是暴。

阴历十五搭初一,家里做活多注意。

第三章

防震和震前躲避

地震防范与自救

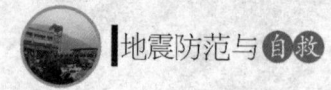 

如何做好地震前预防

居安思危,做好防震准备

为预防突如其来的地震灾害,平时应居安思危,事前做好防震应变的准备,并应有"事前防范重于事后救难"的观念。在地震多发地区,更应预先进行好准备工作。无论你在家里还是正在工作,在商店里、在街上、车上或其他任何地方,如事先考虑了发生地震前该做些什么,一旦遇到地震你就更能镇静而理智地采取行动。

(1) 合理放置家具、物品。

把墙上的悬挂物取下来或固定住,防止掉下来伤人。

清理杂物,让门口、楼道畅通。

把易燃的液体和毒品等危险品存放在不会倾倒或砸开的安全地方。

固定高大家具,防止倾倒砸人;家具物品摆放做到"重在下、轻在上"。

床绝不能安放在大玻璃窗附近,把牢固的家具下腾空,以备震时藏身。

(2) 准备好必要的防震物品。

在家储备一些食品、饮料和

干粮，以备不时之需。

常备手电筒和备用电池，放在随手可取的地方。

在适当的位置备一个或多个灭火器。

准备一些必要的急救药品。

(3) 定期检查和加固住房。

(4) 进行避震模拟演练。

识别地震前兆，发现异常及时报告

地震前通常会有一些预兆，发现这些异常现象要及时报告，以便及时采取预防措施，防止灾害发生。

水：无雨水变浑，变色变味又难闻；喷气又发响，既翻水花又冒泡；天旱井水冒，反常升降有门道。

动物：震前动物有前兆，发现异常要报告。牛马骡羊不进圈，猪不吃食狗乱咬。鸭不下水岸上闹，鸡飞上树高声叫。冰天雪地蛇出洞，老鼠痴呆搬家逃。兔子竖耳蹦又撞，鱼儿惊慌水面跳。蜜蜂群迁闹哄哄，鸽子惊飞不回巢。综合分析辨真假，群测群防很重要。

地光：大地震发生前，在震中或附近地区常常出现形态各异的地光，以白、红、黄、蓝色较为常见。

地声：在地光发生后，有时会有地声。多数像打雷，有时像狂风、炮鸣、狮吼等。

地震谣言甄别

地震谣言指的是没有确切来源、毫无科学依据、传播迅速的有关地震将要发生的消息。在地震预报还不过关的今天，尤其是在已经发生过破坏性地震的地区，地震谣言是一种经常发生的社会现象，它是由于心理恐震导致的一种社会灾害。

1. 地震谣言的特征

地震谣言一般有两个特点：①似是而非的地震异常。把某些并非一定属于地震的气象现象，动植物异常、地下水异常等偶然事件，误认为是地震前的异常。②超乎目前科学水平的准确。有的谣言能把地震发生的事件准确到某日，甚至几点几分，震级精确到几点几级，地震震中是某个乡镇某个村等，这些都超乎了现有地震预报水平所能达到的高度。

另外，地震谣言主要还有以下几个特征：

（1）带有封建迷信色彩或伴有离奇传说的地震传闻。

（2）传说地震是外国人预报的地震传闻。

（3）打着某专家的旗号或说成是某地震机构的预报，不通过正常途径而由小道传播的地震传闻等。

地震谣言是完全可以杜绝的，关键一点是要不信谣、不传谣，用防震减灾知识消除恐震心理，用科学代替封建迷信，用地震预报法规约束社会的每一个成员，这样谣言就会不攻自破、失去市场。

2. 如何识别地震谣言

在发生大地震时，人们心理上易产生动摇。为防止混乱，每个人依据正确的信息，冷静地采取行动极为重要。理性判断和识别各种地震谣言，要达到一问、二想、三核实。

一问：首先问一下消息来自何方。一般情况下只有省级政府才有权向社会公开发布地震预报，其他任何单位或个人都不得对外发布地震预报。所以，只要不是政府公开发布的地震预报，无论哪种权威发布的都不要相信。

二想：由于现今地震预报科学水平的限制，地震预报不可能十分准确。所以，凡是将地震发生的时间、地点、震级都说得非常准确的地震预报都是谣言。

三核实：当听到地震要发生的消息，一时存有疑问，难以判断真伪时，可向政府和地震预测部门核实。

3. 学习地震常识，消除恐震心理

我们只要掌握地震谣言具有的特征，再对我国和世界当今地震预测的真实水平及我国关于发布地震预报的法规有所了解，就能够正确地判断和识别地震谣言。另外，对待地震谣言，要做到不相信，不传播，及时报告。

4. 获取地震信息的途径

政府通过媒体发布的才是权威信息。一旦有任何信息，政府会立即通过报纸、电视、广播、官方手机短信等方式向全社会进行公布。只有这些信息才是权威可靠的，市民们要相信从政府、警察、消防等防灾机构直接得到的信息，一定不要轻信谣言，不要轻举妄动。

临震要做哪些应急准备

在已发布破坏性地震临震预报的地区，应做好以下几个方面的应急工作：

（1）备好临震急用物品。地震发生之后，食品、医药等日常生活用品的生产和供应都会受到影响，水塔、水管往往被震坏，造成供水中断。为能度过震后初期的生活难关，临震前社会和家庭都应准备一定数量的食品、水和日用品，以解燃眉之急。

（2）建立临震避难场所。房舍被震坏，需要有安身之处；余震不断发生，要有一个躲藏处。这就需要临时搭建防震、防火、防寒、防雨的防震棚。各种帐篷都可以利用，农村储粮的小圆仓，也是很好的抗震房。

（3）划定疏散场所，转运危险物品。城市人口密集，人员避震和疏散比较困难，为确保震时人员安全，震前要按街、区分布，就近划定群众避震疏散路线和场所。震前要把易燃、易爆和有毒物资及时转运到城外存放。

（4）设置伤员急救中心。在城内抗震能力强的场所或在城外设置急救中心，备好床位、医疗器械、照明设备和药品等。

（5）暂停公共活动。得到正式临震预报通知后，各种公共场所应暂停活动，观众或顾客要有秩序地撤离；中、小学校可临时在室外上课；车站、码头可在露天候车。

（6）组织人员撤离并转移重要财产。如果得到正式临震警报或通知，要迅速而有秩序地动员和组织群众撤离房屋。正在治疗的重病号要转移到安全的地方。对少数思想麻痹的人，也要动员到安全区。农村的大牲畜、拖拉机等生产资料，临震前要妥善转移到安全地带。机关、企事业单位的车辆要开出车库，停在空旷地方，以便在抗震救灾中发挥作用。

（7）防止次生灾害的发生。城市发生地震可能出现严重的次生灾害，特别是化工厂、煤气厂等易发生地震次生灾害的单位，要加强监测和管理，设专人昼夜站岗和值班。

（8）确保机要部门的安全。城市内各种机要部门和银行较多，地震时要加强安全保卫，防止国有资产损失和机密泄露。消防队的车辆必须出库，消防人员要整装待发，以便及时扑灭火灾，减少经济损失。

（9）组织抢险队伍，合理安排生产。临震前，各级政府要就地组织好抢险救灾队伍（救人、医疗、灭火、供水、供电、通信等）。必要时，某些工厂应在防震指挥部的统一指令下暂停生产或低负荷运行。

（10）做好家庭防震准备。在已发布地震预报地区的居民须做好家庭防震准备，制订一个家庭防震计划，检查并及时消除家里不利防震的隐患。

地震防范与自救

抓紧时机，科学避震

从地震发生到房屋破坏，一般约有十几秒钟的预警时间，大震的预警现象主要有地面的颠动、地声、地光，建筑物的晃动等。大震的预警现象，预警时间和避震空间的存在，是人们震时能够自救求生的客观基础，只要掌握一定的避震知识，事先有一定准备，震时又能抓住预警时机，选择正确的避震方式和避震空间，就有生存的希望。

避震要点

（1）震时就近躲避，震后迅速撤离到安全地方，是应急避震较好的办法。避震应选择室内结实、能掩护身体的物体下（旁）、易于形成三角空间的地方，空间小、有支撑的地方，室外开阔、安全的地方。

（2）身体应采取的姿势：

伏而待定，蹲下或坐下，尽量蜷曲身体，降低身体重心。

抓住桌腿等牢固的物体。

保护头颈、眼睛，掩住口鼻。

避开人流，不要乱挤乱拥，不要随便点明火，因为空气中可能有易燃易爆气体。

在家庭中怎样避震

选择易形成三角空间的地方躲避，主要有床下、坚固家具附近，卫生间、厨房、储藏室等狭小空间，承重墙（注意避开外墙）等。

如是平房，可逃出房外，外逃时注意用被子、枕头、安全帽护住头部。千万不要跳出楼外，不要站在窗外，不要到阳台上去。

在学校怎样避震

（1）正在上课时，要在教师指挥下迅速抱头、闭眼，躲在各自的课桌下。

（2）在操场或室外时，可原地不动蹲下，双手保护头部，注意避开高大建筑物或危险物。不要回到教室去。听从老师安排，室内学生不撤出，室外学生不要回教室，就近"蹲下、掩护、抓牢"。

在公共场所怎样避震

在影院、体育馆、商场、地下街等人员较多的地方，最可怕的情况是发生混乱。地震发生时，不要慌乱，要保持镇定，就近躲避。等地震过去后，听从工作人员指挥，有组织地撤离。

（1）在影剧院、体育馆等处就地蹲下或趴在排椅下，注意避开吊灯、电扇等悬挂物；如果是学生可用书包等保护头部；地震过后，听从工作人员指挥，

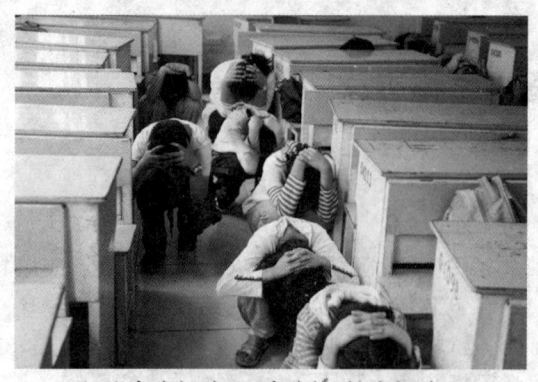

有组织地撤离。

（2）在商场、书店、展览馆、地铁等处：

选择结实的柜台、商品（如低矮家具等）或柱子边，以及内墙角等处就地蹲下，用手或其他东西护头。

避开玻璃门窗、玻璃橱窗或柜台。

避开高大不稳或摆放重物、易碎品的货架。

避开广告牌、吊灯等高耸或悬挂物。

（3）在行驶的电（汽）车内：

避开十字路口将车子靠路边停下。

不妨碍避难疏散的人群和紧急车辆的通行，让出道路中间部分。

乘客应抓牢扶手，以免摔倒或碰伤；降低重心，躲在座位附近。

不要跳车，地震过去后再下车。

在户外怎样避震

（1）就地选择开阔地避震：

蹲下或趴下，以免摔倒。

不要乱跑，避开人多的地方。

避免家人走失，照顾好老人和儿童。

不要随便返回室内。

（2）避开高大建筑物或构筑物：

要避开楼房，特别是有玻璃幕墙的建筑。

要避开过街桥、立交桥、高烟囱、水塔下。

（3）避开危险物、高耸或悬挂物。如变压器、电线杆、路灯、广告牌、吊车等。

（4）避开其他危险场所。如狭窄的街道、危旧房屋、危墙，女儿墙、高门脸、雨棚下，砖瓦、木料等物堆放处。

在野外怎样避震

（1）避开山边的危险环境。避开山脚、陡崖，以防山崩、滚石、泥石流等。

（2）躲避山崩、滑坡、泥石流。遇到山崩、滑坡，要向垂直于滚石前进方向跑，切不可顺着滚石方向往山下跑；也可躲在结实的障碍物下，或蹲在地沟、坎下；特别要保护好头部。

地震时遇到特殊危险怎么办

（1）燃气泄漏时：用湿毛巾捂住口、鼻，千万不要使用明火，震后设法转移。

（2）遇到火灾时：趴在地上，用湿毛巾捂住口、鼻。地震停止后向安全地方转移，要匍匐、逆风而进。

（3）遇到毒气泄漏时：遇到化工厂着火，毒气泄漏，不要向顺风方向跑，要绕到上风方向去，并尽量用湿毛巾捂住口、鼻。

（4）应注意避开的危险场所：生产危险品的工厂，危险品如易燃、易爆品仓库等。

地震防范与自救

地震时的避震原则

地震时就近躲避，震后迅速撤离到安全的地方是地震应急防护的原则。所谓就近躲避，就是因地制宜，根据不同情况采取不同对策。避震应选择室内结实、能掩护身体的物体下（旁），选择易于形成三角空间的地方和空间小、有支撑的地方，在室外应选择开阔、安全的地方。

应特别指出的是，安全都不是绝对的，只要采取正确的避震措施，就可以尽最大可能保护自己，减少自己伤亡的可能性。

只要我们有了防震减灾的意识，平时多留心多观察，遇到紧急情况时就可掌握原则，根据自己所处的环境灵活处理，从容应对。

当地震来临时，提倡躲在桌旁或小空间房里，主要原因就是利用塌落物与支撑物形成的安全三角区提供庇护。以桌子为例，如果塌落物与桌子形成安全三角区，那么桌旁与桌下的空间都是安全三角区的一部分。但桌旁和桌下形成安全三角区是有条件的，即支撑物必须是坚固的，如果桌子被砸塌，那以桌作为支撑物的安全三角区也就不存在了，同时桌下和桌旁的安全空间也就不存在了。如果真有大块物体砸垮桌子，不光躲在下面的人不能幸免，就连躲在旁边的人恐怕也要遇难。

另外，地震发生的概率很小，即使在地震多发区，人的一生遇到地震的次数也是很有限的。从直下型地震（震源位置所在地发生的地震）与受周边地震波及的可能性、大地震到小地震的数量比例关系等因素考虑，在人所遇到的有限次数的地震中，发生一般性破坏地震的概率远大于毁灭性地震的

概率。

还有，一般性的工业和民用建筑应做到"小震不坏，中震可修，大震不倒"，这也是我国抗震设防的目标。随着国家减灾战略的实施和经济实力的提高，我国越来越接近这个目标。如果我国各地都能达到这个目标，万一发生毁灭性的地震，即使房屋破坏很严重，也不会倒塌，这样就会大大减轻房倒屋塌对人的生命造成的威胁。

地震发生时还应当保持清醒的头脑，沉着冷静，以便迅速避险。从大地震的相关资料看，有些人之所以能够在被埋没的瓦砾中生存下来，主要是因为：首先，他们没有受到致命的伤害；其次，他们总是试着寻找通气口，然后找到出口，最终能迅速脱离倒塌的房屋废墟；此外，在没有听到寻呼声及挖掘声时，不无谓地翻滚折腾或大呼大叫。

在地震中，保持冷静是关键。有人观察到，不少人并不是因房屋倒塌而被挤压或被砸伤致死，而是由于精神崩溃，乱喊乱叫，失去生存的希望，在极度恐惧中自己"扼杀"了自己。乱喊乱叫会增加氧的消耗，加速新陈代谢，耐受力降低，使体力下降。同时，大喊大叫必定会吸入大量烟尘，容易

造成窒息，增加不必要的伤亡。在恶劣的环境中，正确的态度是始终保持镇静，分析自己所处的环境，寻找出路，等待救援。

　　地震发生后，余震还会不断发生，周围的环境有可能会进一步恶化，因此，要稳定下来，尽量改善自己所处的环境，设法脱险。设法避开身体上方不结实的悬挂物、倒塌物或其他危险物。搬开身边可移动的碎砖瓦等杂物，从而扩大活动空间。不过应该注意的是，如果搬不动，千万不要勉强。设法用木棍、砖石等支撑残垣断壁，以防余震时再次被埋压。不要随便动用室内设施，包括水源、电源等，也不要使用明火。感觉灰尘太大或闻到煤气味及有毒异味时，设法用湿衣物捂住口鼻。保持体力，不要乱叫，用敲击声求救。

震时逃生常犯的错误

地震中的逃生，必须采用正确、科学的方法，逃生过程中的一点小错误，就有可能丢掉性命。下面列出了地震逃生过程中的9大危险举动，一定要牢记在心，一定要杜绝。

地震往往突然发生，让人措手不及。地震来临时，如果你正在屋内，试图冲出房屋是十分危险的举动，伤亡的可能性非常大。最好的办法是躲在坚固的桌或床下，如果屋内没有坚实的家具，那就站在门口，因为门框会起到一定的保护作用。不要靠近窗户，因为窗玻璃可能会被震碎伤人。

如果在室外，靠近电线杆、楼房、树木或其他任何可能倒塌的高大建筑物，都是危险的举动。应跑到空地上，尽可能远离高大建筑物。最好趴在地上，防止失衡时遇到危险。

躲在地下通道或隧道内是危险的。因为除非它们非常坚固，否则这些地区会被震塌，即使没有震塌，地震产生的瓦砾碎石也可能会填满这些地区或堵塞出口。

地震来临时，关闭门和窗都是非常危险的。木质结构的房子容易倾斜，导致房门打不开。所以，不管是冲出去还是待在室内，都要打开房门。

大地震发生时，忘记保护身体逃生是危险的。书架上的书及隔板上的东西等可能往下掉，这时，千万要记住保护头部。在十分紧急的情况下，可以利用身边的枕头、毛毯、棉坐垫等物盖住头部，以免头被掉下的物体砸伤。

如果夏天发生地震，裸体逃出房间十分危险，而且也不文雅。赤裸裸的身体容易被四处飞溅的玻璃、火星及金属碎片伤害。因此，避难时要穿棉制的鞋

地震防范与自救

袜和尽可能厚的棉衣,不要穿戴易着火的化纤类衣物。

地震来临时,在路上奔跑是很危险的。这时候,到处都是飞泻而下的门窗、招牌等物品,因此,此时最好找个相对安全的地方躲起来,如果有必要奔跑时,最好能戴上一顶安全帽之类的东西。

地震时,躲避于桥下或停留于桥上均是非常危险的。大桥有时候会被震塌,使人坠落河中,因此,如在桥上遇到地震,就应迅速离开桥身。

地震来临时,靠近海边是非常危险的。地震有时候会引发海啸,海啸掀起的海浪会急剧升高,如果人在海岸边就会很危险。这时候安全的做法是迅速离开沙滩,远离浪高的海面。

地震来临时的逃生地点

从小到大，在防震演习中，老师总是叫学生躲在课桌下，道格卡普得知这点后，很焦急地一再呼吁：不要躲在桌子、床铺下，而要以比桌、床高度更低的姿势，躲在桌子、床铺的旁边。

在地震发生时，我们如果依照小时候老师教我们的方法乖乖躲在桌子底下、床铺底下，其实受伤的概率会更大。那么我们该怎么办呢？美国国际搜救队长教你正确的躲避位置。道格卡普是美国国际搜救队长，除了参与两年前日本神户大地震及美国俄克拉荷马市联邦大楼爆炸案搜救工作，12年来国际新闻中的重大灾难救灾，他从没缺席过。现在就看看他在建筑物倒塌时是如何求生的。他以先前和土耳其政府、大学合作拍制的地震逃生录像带说明不要躲在桌下避震的道理。

通过土耳其政府协助，制作单位爆破一栋废弃大楼，仿真地震时建筑物倒塌的情形，工作人员先依据"常识"，在桌子床铺等家具下，放置10具模特儿。他和他的搜救队员在桌子床铺等家具旁，同样放置10具模特儿，炸药引爆后大楼变成断垣残壁，他和搜救队员依序找到20具模特儿，在桌床下的10具模特儿有8具被压成全毁，其中一具甚至头、身、脚段成3截；家具旁放置的10具模特儿，则全部安好无事。他解释，建筑物天花板因强震倒塌时，会将桌、床等家具压毁，人如果躲在其中，后果不堪设想，如果人以低姿势躲在家具旁，家具可以先承受倒塌物品的力量，让一旁的人取得生存空间。道格说，即使开车时遇到地震，也要赶快离开车子，很多地震时在停车场丧命的人，都是在车内被活活压死的，在两车之间的人，却毫发未伤。这就不难理解为什么道格卡普劝

诫人们地震发生时，不要躲在桌子下面了。

以前老师教我们躲避地震的方法是就近躲在桌子底下，或者床铺底下，然而，实际上这种做法并不是科学的。这是因为家具大多是木制或者复合木材制成，而很少有能够承受住巨大物体倒塌下来的力量，如果人躲在桌板、床板等家具下面，极有可能因木板的挤压而减小自己身体的活动空间，从而受到更严重的挤压。相反，如果人以低姿势躲在家具旁，家具可以先承受倒塌物品的力量，让一旁的人取得生存空间。这样，人们就增加了生存的概率。

按照这个原理推论的话，许多场所的避震都应采取上面类似的做法，比如强烈地震发生时，如果你正在停车场，千万不要留在车内，以免垮下来的天花板压扁汽车，造成伤害；应该以卧姿躲在车旁，掉落的天花板压在车上，不致直接撞击人身，可能形成一块"生存空间"，增加存活机会。

地震是危害最大的自然灾害之一，我们每一个人都希望在地震发生时，我们的伤亡率能够越小越好。在灾难面前，人类显得异常的脆弱，但在灾难面前我们也依旧可以变得更坚强。我们不能阻止灾难的发生，但只要增加科学的避震知识，尽量避免更多的防震误区，就能够更加有效地保护自己、保护亲人，尽量让伤痛远离我们。

地震时的避险技巧

抗灾救险时,最佳的防范手段是未雨绸缪。虽然地震只发生在少数地区,但对每一位青少年来说,学会正确的防震应急知识是非常必要的。

1. 正确的避震姿势

地震发生时采取正确的避震姿势非常重要,可以减少伤亡。正确的避震姿势是蹲位,护头。自救还要掌握一定的要领,自救的要领是迅速趴在地上,让身体的重心降到最低。让脸部朝下,并保持鼻、口顺畅地呼吸。坐下或蹲下,使身体尽量弯曲。抓住身旁牢固的物体,避免地震来临时将身体滑到危险的地方。绝对不要站立不动,更不要仰躺在地。用坐垫、枕头、毛衣、外套等遮住自己的头部、面部、颈部,掩住口鼻和耳朵,防止泥沙和灰尘灌入。

2. 保护好身体重要部位

在地震中保护好身体的重要部位,会增加生存概率。怎样才能保护好身体重要部位,使其安然无恙呢?可采用如下方法:低头,用手护住后颈部和头部。将身边的物品,如被褥、枕头等顶在头上,保护头颈部。闭眼,低头,防止塌落的物件伤害眼睛。千万记住不能只顾避震而疏忽了身体重要部位的保护。

3. 捂住口鼻防止烟尘窒息

捂住口鼻是地震发生时一个非常重要的防尘措施,可用毛巾、衣服等裹住头部。若没有保护口鼻,会吸入大量灰尘和有害的气体,使自己感到呛闷。为此,需要采取以下措施:有条件的可用手帕、湿毛巾等捂住口鼻,以免吸入烟尘、呛伤自己。如果有灰尘不断坠落下来,可用衣服等包裹住头部,防止灰尘侵害五官。千万不要奋力呼喊,因为呼喊会吸入大量烟尘,最终导致窒息死亡。更不要盲目乱拆、乱翻,使烟尘更重。

家庭防震

检查住房的环境和条件

检查居住的环境有没有不利于抗震的地方,很多时候,住房本来不会被震倒,但是却被周围其他建筑物砸坏。如果存在这种危险时,就要注意加固住房,必要的时候要搬迁或者撤离。

检查房屋的结构是否需要加固。房屋是否年久失修。建造质量好不好。抗震性能不达标的房屋要加固,不宜加固的危房要撤离。

除了住房周边的环境外,地震中影响人们生命安全的最重要的就是住房本身了。要了解住房的抗震性能如何,我们可以从场地与地基、房屋结构、房屋的新旧和破坏程度、房屋的附属设施情况来进行判定。

坚实均匀、开阔平坦的基岩有利于抗震。松软、淤泥、人工填土、古河道、旧池塘等地基易变形,高耸的山包、陡峭的山坡、半挖半填的地基等不利于抗震。造型简单、规则、对称、整体性强、重心低的房屋结构,有利于抗震;与之相反的房屋,地震时容易损坏或倒塌。住房质量与房屋的新旧和损坏程度密切相关,房屋的承重墙体是整个房屋的骨架,承重墙是否坚实,有无裂缝、酥松、倾斜,木柱有无腐蚀、虫蛀等也都对防震性能有很大影响。房屋屋顶的烟囱、高门脸、女儿墙、阳台、雨篷、高背瓦等是最容易受到破坏的部位,这些附属设施会影响房屋的抗震性能,如果用处不大可以拆除,必要时可采取加固或降低高度的方式来减小这些设施对房屋抗震性能的影响。

为了提高房屋的抗震性能，定期对房屋进行加固是必要的。在房屋加固过程中，应视房屋的不同结构、不同材料、不同破坏部位等具体情况而定。对于构件加固一般有扩大截面法、外包钢法、改变结构传力途径加固法、耗能框架减震法、锚杆静压桩加固法、压密注浆加固法、预应力加固法等。用于补墙的一般有灌浆补缝、碳纤维补墙、植筋补墙等。

拆砌或增设抗震墙，是指对强度过低的原墙体拆除重砌，重砌和增设抗震墙的材料可采用砖或砌块，也可采用现浇钢筋混凝土。

修补和灌浆，是指对已开裂的墙体采用压力灌浆修补，对砌筑砂浆饱满度差或砌筑砂浆强度等级偏低的墙体用满墙灌浆加固。修补后墙体的刚度和抗震能力可按原砌筑砂浆强度等级计算，满墙灌浆加固后的墙体可按原砌筑砂浆强度等级提高一级计算。

面层或板墙加固，是指在墙体的一侧或两侧采用水泥砂浆面层、钢筋网砂浆面层或现浇钢筋混凝土板墙加固。

外加柱加固，是指在墙体交接处采用现浇钢筋混凝土构造柱加固，柱应与圈梁、拉杆连成整体，或与现浇钢筋混凝土楼、屋盖可靠连接。

包角或镶边加固，是指在柱、墙角或门窗洞边用型钢或钢筋混凝土包角或镶边，柱、墙垛还可用现浇钢筋混凝土套加固。

支撑或支架加固，是指对刚度差的房屋增设型钢或钢筋混凝土的支撑或支架加固。通过埋设锚杆固定压桩架，用千斤顶将桩段逐节压入土中，再将桩与基础承台浇筑在一起，以达到防震的要求。

做好室内的防震准备

1. 家具物品摆放要安全

防止倾倒或掉落伤物、伤人，堵塞通道；有利于形成三角空间，便于地震发生时藏身避险；组合家具要连接，固定在地上或墙上；高大家具要固定，把悬挂的物品固定住或拿下来，顶上不要放重物；阳台护墙要清理，把杂物、花

盆等拿下来；把牢固的家具下腾空，地震时可以藏身避难；屋门口和走廊不要堆放杂物。

2. 卧室的防震措施最重要

地震有时可能发生在夜晚，人在睡觉时警觉力比较差，当被地震惊醒从卧室逃往室外路线长的话，会很危险。因此，按防震要求布置卧室非常重要；床的位置要避开房梁、外墙、窗口，安放在室内坚固的内墙边；床要牢固，条件允许的话可以加个抗震架；床要远离易倒易碎物或悬挂物。

3. 仔细放置好家中的危险品

清理家里的危险品：

（1）易燃物，如汽油、煤油、油漆、酒精、稀料等。

（2）易爆品，如氧气瓶、煤气罐等。

（3）易腐蚀的化学物品，如盐酸、硫酸等。

（4）有毒物品，如杀虫剂等。

把用不着的以上物品尽早清理掉，必须留下的要存放好。

要做到防破碎，防撞击；防泄漏，防翻倒；防爆炸，防燃烧。

防震物品的准备

地震常常在人们毫无防备的时候到来，而在最初的一段时间内，很可能得不到外界的救助，所以，在你经常活动的生活场所，比如说家里、办公室、车里，准备一个"防震包"是很有必要的。防震包必须结实，必须放置在容易拿到的地方，一旦发生地震，外部救援尚未到达的情况下，防震包里的物品应该可以帮助受灾者度过这一关键时刻。防震包里应该准备以下物品。

1. 饮用水

建议你购买一些瓶装水,并要注意保质期。如果你准备用自己的容器装水,你应该从军用品或者野营用品专门店购买那种不漏气的、专门储存食品的盛水容器。在装水之前,要用餐具专用洗涤剂和水清洗容器,并用水冲净,以免洗涤剂残留。容器内的水必须定期更换。除了水之外,还需要一些净化用的药片,比如哈拉宗、高碘甘氨酸,但在使用这些药片之前,一定要先看看瓶子上的标签并向专业人士或医护人员咨询上述药品的使用方法。

2. 食品

准备足够72小时之用的听装食品或脱水食品以及听装饮料。干麦片、水果和无盐干果是很好的营养源。请注意以下几点:不要选择那些让你容易口渴的食品,选择无盐饼干、全麦麦片和富含流质的罐装食品;只储备无需冷藏、烹饪或特殊处理的食品;如果家里有婴儿或有特殊饮食需要者,也应该为他们准备好相应的食品;应该准备一些厨房用具和炊具,尤其是手动开罐器。

3. 日常用品

应准备一两套替换衣服、手电筒、火柴、蜡烛、小刀、袖珍收音机、洗脸用具(香皂、肥皂、牙刷、牙膏、手巾、梳子等)、手纸(包括妇女卫生纸、有婴孩的还应准备好尿布)、个人常用防身药品(伤药、止痛药、胃药、感冒药等)、茶杯、饭盒、适量现金等。

4. 其他可能用到的物品

你能想到的震时或震后可能用到的其他物品,比如塑料袋、雨衣或雨伞、绳索、口罩、手帕、急救卡片(注明姓名、地址、工作单位、电话号码、本人血型、联系人姓名等项内容以便于他人营救时参考)等。

家庭应急防震准备

学习地震应急常识,制订家庭应急预案,配备应急物品,准备好防震应急包,开展家庭紧急疏散、避险与撤离的演练活动。清理门口杂物,使庭院通道

畅通,地震发生后便于人员撤离。将易燃、有毒、易爆物品转移到安全的地方。了解地震避难场所,熟悉避难场所周围的环境,地震时沿指定路线及时疏散。

学会关闭电闸、水闸和煤气。在煤气阀的旁边放一把扳手备用,把灭火器放在便利的地方,输水皮管常安在水龙头上,用于应急灭火。

住平房的要检查房屋,拆掉高门脸、女儿墙和处理其他容易坠落的危险物体,必要的时候可以加固房屋;住楼房的要清理杂物,疏通楼道,保证地震时通道畅通无阻。手机或电话放在方便的地方,要牢记消防队、急救中心、派出所等应急单位的电话号码。

危险品,如有毒物品、可燃性液体要存放在不会被打破、不会倒的安全器具内;把各种存物架的重物移到下部;煤气灶台、烧水炉用皮带缠绕几圈安全地靠在墙边,炉灶底要固定在地板上。

事先约定好家庭成员在灾难发生时失散后的团聚地点和联络办法,避免地震后或者其他混乱情况下失去联系。

平时要了解学校和家附近的应急避难场所,地震发生时可以迅速疏散到安全的地方。

做好日常的防震演习

日常的防震演习有助于人们在地震时快速正确地做出反应，汶川地震中，在被定为极重灾区的四川省绵阳市安县，县里的桑枣中学全校2200多名学生、100多名教师全部紧急撤离到学校的操场上，无一名师生伤亡，被人们称为"奇迹"。这是因为桑枣中学每学期都要组织一次全校师生紧急疏散演练。演练时每个班级的疏散路线都是划定好的，在每个班级内，前4排学生走教室前门、后4排学生走后门也是规定好的。防震演习在有的学生看来只是一件好玩的事情，甚至有的老师也认为这是小题大做，可是校长叶志平一直坚持疏散演练，所以才会出现大地震中的"奇迹"。

其他学校可以以桑枣中学为榜样，制订适合本校特点的紧急疏散方案，并开展演习，让每名师生都能通过这样的演练来增强脱险能力，能够在地震来临时临危不乱，并安全疏散。同时通过反复的训练，达到绷紧安全这根弦的目的。提高师生紧急疏散、灾害救助、逃生自救及在灾难中生存的能力及对突发事件的应急能力。

家庭在平时也有必要进行防震演练，演习可以从以下几个方面进行。

1. 一分钟紧急避险

假设地震突然发生，在家里怎样避震？设定地震发生时全家人在干什么。地震强度可设为一次破坏性地震。避震方式是室内避震，还是室外避震？根据每人平时正常生活环境，确定避震位置和方式。演习结束后计算一下时间，是否达到紧急避震的时间要求，总结经验，修改行动方案后再做演练。

2. 震后紧急撤离

假设地震停止后，如何从家中撤离到安全地段，撤离时要带上防震包，青年人负责照顾老年人和孩子，要注意关上水、电、气和熄灭炉火。

3. 紧急救护演习

掌握伤口消毒、止血、包扎等知识，学习人工呼吸等急救技术，了解骨折等受伤肢体的固定，以及某些特殊伤员的运送、护理方法。

第四章

地震中的自救与互救

地震防范与自救

地震防范与自救

地震时如何自救

震后很可能有余震,而且余震的位置未必是离震源很近的位置。所以学习自救是地震后很重要的措施之一。

地震发生时,至关重要的是要有清醒的头脑,镇静自若的态度。只有镇静,

才有可能运用平时学到的地震知识判断地震的大小和远近。近震常以上下颠簸开始,之后才左右摇摆。远震却少上下颠簸感觉,而以左右摇摆为主,而且声脆,震动小。一般小震和远震不必外逃。由此可见,地震,虽然目前人类还不能完全避免和控制,但是只要能掌握自救互救技能,就能使灾害降到最低限度。

(1)开放性创伤,外出血应首先止血抬高患肢,同时呼救。对开放性骨

折，不应做现场复位，以防止组织再度受伤，一般用清洁纱布覆盖创面，做简单固定后再进行运转。不同部位骨折，按不同要求进行固定。并参照不同伤势、伤情进行分类、分级，送医院进一步处理。

（2）妥善处理伤口挤压伤时，应设法尽快解除重压，遇到大面积创伤者，要保持创面清洁，用干净纱布包扎创面，怀疑有破伤风和产气杆菌感染时，应立即与医院联系，及时诊断和治疗。对大面积创伤和严重创伤者，可口服糖盐水，预防休克发生。

（3）防止火灾，地震常引起许多"次灾害"，火灾是常见的一种。在大火中应尽快脱离火灾现场，脱下燃烧的衣帽，或用湿衣服覆盖身上，或卧地打滚，也可用水直接浇泼灭火。切忌用双手扑打火苗，否则会引起双手烧伤。消毒纱布或清洁布料包扎后送医院进一步处理。

（4）对伤口要预防破伤风和气性坏疽，并且要尽早深埋尸体，注意饮食饮水卫生，防止大灾后的大疫。

地震时要注意哪些

摇晃时立即关火，失火时立即灭火

大地震时，也会有不能依赖消防车来灭火的情形。因此，我们每个人关火、灭火的这种努力，是能否将地震灾害控制在最低程度的重要因素。为了不使火灾酿成大祸，厉行早期灭火是极为重要的。

地震的时候，关火的机会有三次：

第一次机会——在大晃动来临之前的小晃动之时。在感知小的晃动的瞬间，即刻互相招呼："地震，快关火！"关闭正在使用的取暖炉、煤气炉等。

第二次机会——在大的晃动停息的时候。在发生大的晃动时去关火，放在煤气炉、取暖炉上面的水壶等滑落下来，是很危险的。大的晃动停息后，再一次呼喊："关火，关火！"并去关火。

第三次机会——在着火之后。即便发生失火的情形，在1～2分钟之内，还是可以扑灭的。为了能够迅速灭火，请将灭火器、消防水桶经常放置在离用火场所较近的地方。

不要慌张地向户外跑

地震发生后,慌慌张张地向外跑,碎玻璃、屋顶上的砖瓦、广告牌等掉下来砸在身上,是很危险的。此外,水泥预制板墙、自动售货机等也有倒塌的危险,不要靠近这些物体。

将门打开,确保出口

钢筋水泥结构的房屋等,由于地震的晃动会造成门窗错位,打不开门,曾经发生有人被封闭在屋子里的事例。请将门打开,确保出口。平时要事先想好万一被关在屋子里,逃脱的方法,准备好梯子、绳索等。

户外的场合,要保护好头部,避开危险之处

当大地剧烈摇晃,站立不稳的时候,人们都会有扶靠、抓住什么的心理。身边的门柱、墙壁大多会成为扶靠的对象。但是,这些看上去挺结实牢固的东西,实际上却是危险的。

在1987年日本宫城县海底地震时,由于水泥预制板墙、门柱的倒塌,曾经造成过多人死伤。务必不要靠近水泥预制板墙、门柱等。

在繁华街、楼区,最危险的是玻璃窗、广告牌等物掉落下来砸伤人。要注意用手或手提包等物保护好头部。

此外,还应该注意自动售货机翻倒伤人。

在楼区时,根据情况,进入建筑物中躲避比较安全。

在百货公司、剧场时依工作人员的指示行动

在百货公司、地下街等人员较多的地方,最可怕的是发生混乱。请依照商店职员、警卫人员的指示来行动。

就地震而言,据说地下街是比较安全的。即便发生停电,紧急照明电也会即刻亮起来,请镇静地采取行动。

如发生火灾,即刻会充满烟雾。以压低身体的姿势避难,并做到绝对不吸烟。

在发生地震、火灾时,不能使用电梯。万一在搭乘电梯时遇到地震,将操作盘上各楼层的按钮全部按下,一旦停下,迅速离开电梯,确认安全后避难。高层大厦以及近来的建筑物的电梯,都装有管制运行的装置。地震发生时,会自动操作,停在最近的楼层。万一被关在电梯中的话,请通过电梯中的专用电话与管理室联系、求助。

汽车靠路边停车,管制区域禁止行驶

发生大地震时,汽车会像轮胎泄了气似的,无法把握方向盘,难以驾驶。必须充分注意,避开十字路口将车子靠路边停下。为了不妨碍避难疏散的人和紧急车辆的通行,要让出道路的中间部分。都市中心地区的绝大部分道路将会全面禁止通行。充分注意汽车收音机的广播,附近有警察的话,要依照其指示行事。

有必要避难时,为不致卷入火灾,请把车窗关好,车钥匙插在车上,不要锁车门,并和当地的人一起行动。

务必注意山崩、断崖落石或海啸

在山边、陡峭的倾斜地段,有发生山崩、断崖落石的危险,应迅速到安全的场所避难。在海岸边,有遭遇海啸的危险。感知地震或发出海啸警报的话,请注意收音机、电视机等发布的信息,迅速到安全的场所避难。

避难时要徒步,携带物品应在最少限度

因地震造成的火灾,蔓延燃烧,出现危及人身安全等情形时,应采取避难的措施。避难的方法,原则上以市民防灾组织、街道等为单位,在负责人及警察等带领下采取徒步避难的方式,携带的物品应在最少限度。绝对不能利用汽车、自行车避难。

对于病患等的避难,当地居民的合作互助是不可缺少的。从平时起,邻里之间有必要在事前就避难的方式等进行商定。

不要听信谣言,不要轻举妄动

在发生大地震时,人们心理上易产生动摇。为防止混乱,每个人依据正确的信息,冷静地采取行动,极为重要。

从携带的收音机等中,把握正确的信息。相信从政府、警察、消防等防灾机构直接得到的信息,决不轻信不负责任的流言蜚语,不要轻举妄动。

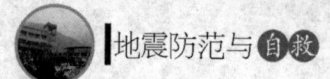

震后脱困

地震后,余震还会不断发生,你的环境还可能进一步恶化,你要尽量改善自己所处的环境,稳定下来,设法脱险。

震后积极参与互救

震后应积极参加互救,救助过程中应注意以下几点:

(1) 注意听被困人员的呼喊、呻吟、敲击声。

(2) 要根据房屋结构,先确定被困人员的位置,再行抢救,尽量防止意外伤亡。

(3) 先抢救建筑物边沿瓦砾中的幸存者,及时抢救那些容易获救的幸存者,以扩大互救队伍。

(4) 外援抢险队伍应当首先抢救那些容易获救的医院、学校、旅社、招待所等人员密集的地方。

(5) 救援需讲究方法。首先应使头部暴露。迅速清除口鼻内尘土,防止窒息,再行抢救,不可用利器刨挖。

(6) 对于埋压废墟中时间较长的幸存者,首先应输送饮料,然后边挖边支撑,注意保护幸存者的眼睛。

(7) 对于颈椎和腰椎受伤的人,施救时切忌生拉硬抬,以使受伤部位产生难以挽回的永久性损伤，应使用担架、木板、门板来搬运，注意用布带、绳子固定受伤部位以免晃动。

（8）对于那些一息尚存的危重伤员，应尽可能在现场进行救治，然后迅速送往医院和医疗点。

（9）救人过程中要注意安全，小心余震。

灾后特殊环境下的注意事项

（1）地震过后要特别注意疫病的预防。

首先要注意饮食和个人卫生，特别要防止"病从口入"。按规定服用预防药物，增强身体抵抗力，防疫灭病。饮用水源要设专人保护，水井要清掏和消毒。饮水时，最好先进行净化、消毒，要创造条件喝开水。要派专人对救灾食品的贮存、运输和分发进行监督；应有计划地修建简易防蝇厕所，固定地点堆放垃圾，并组织清洁队按时清掏，运到指定地点统一处理。

其次是要消灭蚊蝇。要大范围喷洒药物，利用汽车在街道喷药，用喷雾器在室内喷药，不给蚊蝇留下滋生的场所。在有疟疾发生的地区，要特别注意防蚊。如果发现有人突然发高烧、头痛、呕吐、脖子发硬等，就应赶快找医生诊治。

（2）地震后要防止水灾、火灾等次生灾害的发生。

（3）搭建和居住防震棚时要注意防火。

（4）对工矿企业中的易燃、易爆、剧毒等物品，要严密监视。地震时，一旦发现剧毒或易燃气体溢出，应立即组织抢修。

（5）对于大型水库、堤坝等，要预先做好防震检查，发现问题及时解决。水库下游要严密注视堤坝的安全，遇到险情，除组织力量抢救外，要迅速向安全地带转移。地震若发生在山区，山崩、塌方等可能堵塞河道，遇到此种情况，要立即组织人员疏通，以免造成水灾。在山区，还要远离悬崖陡壁，以免山崩、塌方时伤人。还应离开大水渠、河堤两岸，这些地方容易发生较大的地滑或塌陷。

震后自我情绪调整

地震、火灾、洪水、海啸等灾害对人心理造成的伤害除了当时的恐惧害怕外，还会遗留下来，普通人通常持续两周左右，有的儿童需要半年到一年，部分创伤后心理障碍可能持续数十年。复原所花的时间和恢复程度受到许多因素影响，比如和灾难靠近的程度、受灾难破坏的程度、社会支持系统的强弱、人格特征等。

失眠、易怒、无法专心、过度警觉、惊吓、坐立不安、心跳加快、肌肉酸痛等反常的表现有时是延迟和潜在的，比如说有人会在灾难过去很长时间，仍下意识地不停地去医院检查，或反复述说当时情形。灾难的心理创伤能使社会功能受损，所以需要灾后心理重建。

震后自我情绪调整的方法：

（1）避免、减少或调整压力源，比如少接触道听途说或刺激的信息。

（2）降低紧张度，和有耐心的亲友谈话，或找心理专业人员协助。

（3）太过紧张、担心或失眠时，可在医生建议下用抗焦虑剂或助眠药来协助，这只是暂时使用，但有较快安定的效果。

（4）进行紧急处理的预备，如逃生袋、电池、饮水、逃生路线等，多一点准备可让自己多一分安心。

（5）近期少安排些事务给自己，一次处理一件事情。

（6）不要孤立自己，要多和朋友、亲戚、邻居、同事或心理辅导团体的成员保持联系，和他们谈谈感受。

（7）规律运动、规律饮食（尤其是青菜、水果）、规律作息，照顾好身体。这段时间免疫力容易变差，小心感冒。

（8）学习放松技巧，如听音乐、打坐、瑜伽、太极拳或肌肉放松技巧（可请心理专业人员教导）。

震后如何互救

震后,外界救灾队伍不可能立即赶到救灾现场,在这种情况下,灾区群众积极投入互救,是减轻人员伤亡最及时、最有效的办法,也体现了"救人于危难之中"的崇高美德。

抢救越及时,获救的希望就越大。据有关资料显示,震后20分钟获救的救活率达98%以上,震后一小时获救的救活率下降到63%,震后2小时还无法获救的人员中,窒息死亡人数占总死亡人数的58%。他们不是在地震中因建筑物垮塌砸死,而是窒息死亡,如能及时救助,是完全可以保住性命的。唐山大地震中有几十万人被埋压在废墟中,灾区群众通过自救、互救使大部分被埋压人员重新获得生命。由灾区群众参与的互救行动,在整个抗震救灾中起到了无可替代的作用。

施救和护理

先将被埋压人员的头部，从废墟中暴露出来，清除口鼻内的尘土，以保证其呼吸畅通，对于伤害严重，不能自行离开埋压处的人员，应该设法小心地清除其身上和周围的埋压物，再将被埋压人员抬出废墟，切忌强拉硬拖。

● 施救得法

采取正确的施救方法，可增大救活被埋压者的机会。

对饥渴、受伤、窒息较严重，埋压时间又较长的人员，被救出后要用深色布料蒙上眼睛，避免强光刺激；对伤者，根据受伤轻重，应采取包扎或送医疗点抢救治疗的措施。

地震自救四大法宝

遭遇地震时，我们该怎样进行自救？地震学专家给大家介绍了以下四种自救方法，这些方法是自救的法宝，一定要牢牢记住。

1. 大地震时不要忙中出错

破坏性地震来临时，从人感觉到振动到建筑物被破坏，平均只用12秒钟的时间，在这短短12秒内你一定要沉着冷静，千万不要慌乱，保持清醒的头脑，根据所处环境立即做出保障安全的抉择。如果你住的是平房，你可以迅速跑到门外。如果你住的是楼房，千万不要慌乱跳楼，应立即关掉煤气，切断电闸，暂避到坚固的桌子、床铺旁边，或是洗手间等跨度小的地方，地震过后，要迅

速撤离，防止发生强烈余震。

2. 人多先找藏身处

发生地震时，如果正在学校、影剧院、商店等人群聚集的场所，千万不要慌乱，应该立即躲在椅子、桌子或坚固物品旁边，等地震过后再有序地撤离。现场工作人员必须冷静地指挥人们就地避震，绝对不能带头乱跑。

3. 远离危险区

如果发生地震时，正在街道上，应立刻用手护住头部，迅速远离楼房，到街心地带。如在郊外，要注意远离陡坡、山崖、河岸及高压线等处。正在行驶的火车和汽车要立即停车。

4. 被埋时要保存自己的体力

假如震后不幸被埋压在废墟中，要尽量保持冷静，设法自救。实在无法脱险时，要保存体力，尽力寻找食物和水，努力创造生存条件，耐心等待救援人员的到来。

地震中注意保护身体的重要部位

　　地震时的自我保护是个人在主体意识的支配下，为寻求生理与安全需要而做出的本能反应与瞬间抉择。从历次大地震的调查表明，城市地震对人员造成的伤害，98%以上是因房屋倒塌与毁坏造成的，这是人们公认的事实。尽管如此，绝大多数人仍能在地震中幸免于难，这也是被实践证明了的事实。即使像

唐山那场震惊中外的大地震，直接死于地震的人也只占全市人口的少数（市区平均震亡率为12%，地处极震区的路南区震亡率为27.6%），绝大多数的人是有生存希望的。因此，在地震时，只要人们充分发挥主体意识和应变能力，正确地采取自我保护措施，就有很大可能争取到生存的机会。

　　震时就近躲避，震后迅速撤离到安全地方，是应急避震的较好办法。但是地震发生时来不及躲避，我们该怎么办呢？如何保护好自己的身体呢？

地震后，往往还有多次余震发生，处境可能继续恶化，为了免遭新的伤害，要尽量改善自己所处的环境。此时，如果应急包在身旁，将会对你脱险起很大作用。

大多意外事故的发生几乎就是几秒钟的事情，在这个瞬间人们很难意识到保护头部。但是无论在什么情况下，保护住头颈部，意义重大。

出现意外，首先要抱住头部，弯曲身体，这样可以起缓冲作用，保护头部。遇到自然灾害，应该躲避在坚固的地方，相对比较安全。

无论是遇到车祸、坠落、跌倒，还是打击，人体仰面着地造成的脑损伤都比俯倒着地造成的脑损伤严重。这是因为，人体俯倒，双手会条件反射进行支撑，将倒地的力量减缓，受伤就会相对减轻一些。而仰倒，不容易进行脑部的保护。而颅脑内重要的神经结构如脑干等都在后脑部，如果后脑部直接着地，脑损伤会更加严重。

被埋压后的自救

被埋压时，要注意调节自己的呼吸节奏，切忌呼吸快而浅。正常情况下，人体的呼吸频率为每分钟12～20次，当遇到地震这样的险情时，人们处于惊慌失措或过度恐惧的状态，呼吸容易急促，换气频率加快。但快而浅的呼吸容易使二氧化碳的呼出过多，而氧供应不充分，引起呼吸碱中毒，使氧解离曲线左移，组织释放氧受阻，致机体缺氧更进一步恶化，由此导致昏迷等危及生命的严重并发症发生。故自救时应控制情绪，保持镇静，宜采用慢而缓的呼吸方式。

地震后，往往还有多次余震发生，处境可能继续恶化，为了免遭新的伤害，要尽量改善自己所处的环境。黑暗的埋压环境，当遇险人员看不到周围的情况时，自救无处下手，这时应该冷静下来，仔细观察一下周围有没有光的缝隙，只要是透亮的地方，哪怕再小，也很可能是压埋物体最薄弱的地方，还可能是可以透气的地方，应该顺光掏挖，扩大缝隙，很可能就此脱离险境。即使暂时不能脱险，也会减少窒息的可能。被埋压以后，必须采取合理的措施，才能实现自救。

被埋压时，在精神上千万不能崩溃，要树立生存的勇气和信心，千方百计地保持正常呼吸，等待救援；争取暴露双手和头部，保存体力。不要大声呼喊和勉强行动，当听到地面有人时，想尽一切办法发出呼救信号；防止灰尘呛闷窒息；如与外界联系不上，要分析并判断自己被埋压的位置，开辟通道，寻找脱险捷径。

震后一般余震不断，生存环境可能进一步恶化，要有这样的心理准备；等待救援要有一定的时间，要有足够的耐心；尽量改善生存环境，设法脱险；闻到有毒有害气体的异味或灰尘太大时，用湿衣物捂住口、鼻；设法避开身体上方不稳定的悬挂、易倒塌的物品；扩大并保护生存空间，设法支撑残垣断壁；不要随便用水、用电，不要使用明火，因为空气中可能有易燃气体充溢。

　　一旦发现自己被埋压较轻，且有可打通的通道，则应该抓紧时间，争取尽快脱险。同时，也要注意保存体力，有时候埋压物可能不是一下子就能从身上清除掉的，这时候就应该有计划地使用体力，通过多次、分批地清除埋压物，来让自己最终脱险。脱险后，要迅速撤离危险区域，到开阔的地方去。只有在自身身体状况条件和环境状况允许的情况下，才能投入对他人的救援。

　　如果找不到脱离险境的通道，应尽量保存体力，用石块敲击能发出声响的物体，向外发出呼救信号，不要急躁、哭喊和盲目行动，否则会大量消耗精力和体力。要尽可能控制自己的情绪或闭目休息，等待救援人员到来。尽力扩大生存空间，寻找利器，保持空气流通。如果受伤，要注意止血，条件允许要进行必要的包扎，避免流血过多。

　　如果被埋在废墟下的时间比较长，而救援人员未到，或者没有听到呼救信号，要想办法维持自己的生命，防震包内的水和食品一定要节约，尽量寻找食品和饮用水，必要时自己的尿液也能起到解渴的作用，对维持生命有帮助。

在黑暗中应该怎么办

从抗震科学和救灾经验来看，许多废墟下的生命可能多已很难存活。但是，如果不幸被埋在黑暗中，仍然要充分相信生命的顽强，祈求生命的奇迹。那坚韧的求生意志很可能奇迹般地支撑着许多生命，阴暗的钢筋混凝土废墟下很可能埋着无数生命奇迹，此时此刻，必须坚信生存的信念。

在美国洛杉矶大地震中，虽然人们都劝那位执著的父亲放弃寻找久困废墟的儿子，但父亲咬牙坚持着，他用手挖瓦砾、搬砖头，坚持不懈。当从角落里传来儿子的"爸爸是你吗"的喊声时，父子二人紧抱在一起，世界被感动了。因为儿子强烈的求生意志和父亲对生存的坚信，于是有了那幅让人泪流满面的画面、那段让人感动的故事。其实，抗震救灾史上有过无数这样的奇迹。伊朗大地震中，一名56岁的老汉在废墟下挺过13天；南亚大地震中，一名27岁的巴基斯坦青年在废墟中被埋27天后竟然生还；我们更熟悉的是，唐山大地震中5名矿工被困在矿井下15天后生还。不说那么远吧，汶川大地震中已经出现了许多让我们潸然泪下的生命奇迹：一个在废墟里打着手电筒看书的小女孩最后获救，两个女孩生死对话驱走死神，父亲徒手刨出被埋的儿子，1岁婴孩儿被困48小时后从废墟中生还……

人们对黑暗很难适应，这不仅仅是因为看不见，还在心理上增加了压力。因地震而停电是不奇怪的，黑暗中就是在自己的房间也很难分辨东西南北，所以手电筒随时带在身边，就不会有太多的恐惧了。

伤情的自我处理

地震发生后，无论是被埋压的人，还是设法脱险的人，身体上都可能有或多或少的伤。由于专业的医疗救援队伍不能马上赶到，所以在人员、药品短缺或供应不足的情况下，进行一些地震伤害的自救措施，对于地震受伤者来说非常重要。另外，震后对身体伤害的及时自救，从另一个意义上看也是进行专业医疗救助的准备和前提。针对地震中可能出现的各种伤害，有针对性地采取一些自救措施，避免不当的处置，是非常重要的。

1. 不要堵塞头部外伤出现的耳漏鼻漏

地震对人体的伤害主要有建筑物坍塌引起的人体机械性外力伤害、掩息性损伤、震后水电火气等引起的次生伤害三个方面。震中由于打、砸、弹击、撞、撕拉、震动、挤压、碰跌等方式很容易引起颅脑损伤，颅骨骨折，导致

从耳朵和鼻子流出脑脊液，此时不少人习惯性的做法是仰起头或堵住耳朵或鼻子。殊不知，这样做很容易导致颅内压升高，加重颅内损伤，并且回流液体也容易导致严重的颅内感染。

2. 锐物刺入胸部时不要拔出

震中，建筑物坍塌很容易导

致锐利的器物刺入人体胸部,此时,很多伤者习惯性的动作是顺手将锐器拔出。要注意,这是非常错误的做法。原因有两点:首先,在没有救护措施时突然拔出器物很容易造成血管破裂,大量出血,危及生命。其次,空气在拔出锐器的瞬间很容易进入负压胸膜腔,造成气胸,引发纵隔摆动,挤压心脏造成心脏停搏。正确的做法是先用手稳固住插入物,也可简单用布条(紧急情况时可用衣服等代替)轻轻束缚住锐器刺入部位,避免剧烈活动,等待或寻求救援。

3. 肠子外露不要往回塞

肚皮是人体上很薄很脆弱的部位,一旦在震中受伤,很容易使肚皮被刺破使肠子脱出。遇到这种情况,大家的下意识动作是用手托住脱出的肠子往肚腔里塞,这也是十分错误的做法。原因有三点:一是脱出的肠子很容易被感染,在没有医疗条件的情况下,自己往回塞很容易导致严重的腹腔感染;二是盲目地回塞肠子时,容易使肠子扭塞,导致机械性肠梗阻;三是脱落出的肠子很可能已经被刺破,回塞容易导致一些粪便等脏物透过肠壁溢出,导致严重腹膜炎。

4. 不要用泥土糊皮肤破损出血处

民间有种说法,对于皮肤破损出血的情况拿泥土糊上去可消炎止血,这其实是错误的做法。泥土中含有一种厌氧菌——破伤风杆菌,用这种方法不仅起不到消毒止血的功效,还很容易导致破伤风,重者致命。

5. 身体被砸后不要"轻举妄动"

震中倘若遇到被砸的情况,首先要考虑骨折的可能性。那么在自救的过程中,要避免被砸部位的活动,防止骨折断端受到二次伤害,加重血管和神经的严重损伤。可因地制宜,找两个小木棍之类的东西越过关节夹住骨折部位,再用绳或布条缠绕,以远端指趾不麻木为宜,就会起到良好的固定作用。

6. 外伤大出血要及时按住动脉

地震中,许多人因大量失血,等不及救援而死亡。因此,知晓一些止血方法非常重要。动脉出血时，血色鲜红，有搏动，量多，流动速度快，危险性大。若手部大出血，可用手指分别压迫伤侧手腕两侧的桡动脉和尺动脉，阻断血流。一侧脚大出血，用手指分别压迫脚背中部搏动的胫前动脉及足跟与内踝之间的胫后动脉。腿部大出血，伤员应取坐位或卧位，用两手拇指用力压迫伤肢腹股沟中点稍下方的股动脉，阻断股动脉血流。颜面部大出血，用一只手的拇指和食指或拇指和中指分别压迫双侧下额角前约1厘米的凹陷处，阻断面动脉血流。

当上述止血法不能止血时，可用头上的橡皮筋或者把身上的衣服撕成布条，做成止血带，置于出血部位上方，将伤肢扎紧，把动脉血管压瘪以达到止血目的。同时也要注意，包扎的过程中，不能过久扎紧动脉，否则会造成肢端坏死。

埋在废墟中如何应对余震

2008年5月12日14时28分发生的四川汶川地震，造成了巨大的伤害，并且当日的灾害还在持续，因为在接下来的几天里一直都余震不断，据相关部门统计，在地震发生后的两天内，当地余震发生总数已经达到3389次。对此，地质专家解释说，汶川地区的余震预计将持续一段时间，这将为救援工作带来新的困难。

为什么会有这么多次的余震？是否每一次地震都是同样的情况？中国地质科学院地质力学所的专家做出了分析。

专家指出，一般较大级别的地震都会连续伴随一定程度的余震发生，然而汶川地震属于"逆冲型"地震，不同于1976年的唐山地震，该类地震由地层断层的上部上移而引发，地震释放能量的速度相对比较缓慢，能量难以一次性全部释放，所需要的时间就会更长，因此预计汶川地区的余震持续时间会长一些。

因此，如果遇到较大的地震，我们就要采用科学的手段应对余震的危害。

把自己家的物件固定好

在地震期间的准备工作,目的是将灾害控制在最小的程度。要将大衣柜、餐具柜橱、电冰箱等固定好,防止倾倒;在餐具柜橱、窗户等的玻璃上粘上透明薄膜或胶布,以防止玻璃破碎时四处飞溅;为防止因地震的晃动造成柜橱门敞开,里面的物品掉出来,在柜橱、壁橱的门上安装合叶加以固定;不要将电视机、花瓶等放置在较高的地方,以防止散乱在地面上的玻璃碎片伤人。

需要准备紧急备用品

一是饮用水、食品、婴儿奶粉。
二是急救医药品。
三是便携式收音机、手电筒、干电池等。

建立邻里互助的协作关系

在发生较大余震时,消防车、救护车不可能随叫随到。所以,要和街道办及邻居进行交流,建立起应付发生火灾时的互助协作关系。邻里之间应对紧急事情进行友好协商,应积极参加市民防灾组织,积极参加防灾训练。

不可轻易乱动

如果是埋在废墟下的人,在受伤的情况下千万记住不可轻易乱动。在有条件的情况下,可以利用身边的石块等较坚硬的物体支撑现有的空间,以防余震发生,使塌落物体下滑造成伤害。在一定的自救基础上,等待救援。

自己脱险后要及时救助他人

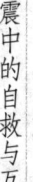

地震发生时,高效有序的紧急撤离能够挽救很多人的生命;而在撤离的过程中,可能就需要对弱者伸出援助之手。比如,行动不便的老人和小孩,或者是身体上有伤或残疾的人士,都需要我们在关键时候助上一臂之力。可以这样说,在撤离中帮助别人脱险,其意义并不亚于在其被埋压后再进行救助。

地震发生后,如果自己没有受困,或是虽然受困但通过自救活动脱险成功,在地震平息期间,抓紧时间去救别人,是人们的正常反应。实际情况也确实证明,在地震发生不久后的短暂时间里进行有效的互救活动,能够最及时、最有效地减小人员伤亡。

救援的黄金 72 小时

从地震废墟中救出被埋压人员,就是与时间赛跑,与死神争夺生命。因此,抓紧分分秒秒,尽快将被埋压人员救出是地震应急和抗震救灾中最关键的环节。据以往救灾经验,在震后 3 天之内救出的被埋压者的存活率大大高于 3 天以后的存活率。这 3 天的 72 小时就称为地震救援的黄金 72 小时。

震后救援遵循的原则

地震发生后,就会真正体会时间就是生命的意义。据对 1983 年山东菏泽地震的统计,地震发生后,在 20 分钟内救出了 37.6% 的被埋压人员,救活率高达

98.3%；在震后 1 小时，救出了 98.3% 以上的被埋压人员，但救活率只有 63.7%；在震后 2 小时还没有被救出的人员中，死亡人数的 58% 是因窒息而死。

震后救人，首先要做到及时、快捷，迅速壮大救人的队伍，让更多的人获救。在救人时应遵循以下原则。

1. 先救近处的人

不论是邻居、家人，还是萍水相逢的路人，只要近处有人被埋压就要先救他们。相反，舍近求远，往往会错失救人的良机，造成不应该发生的损失。

2. 先救青壮年

青壮年可以迅速在救灾中发挥作用。

3. 先救容易救的人

这样可加快救人速度，尽快扩大救人队伍。

4. 先救"生"，后救"人"

每救一个人，只把这个人的头部露出，能够呼吸就可以，然后马上去救别人，这样可在很短的时间内救更多的人。

如何寻找被埋压者

首先，根据房屋结构，先确定被困人员的位置，再进行抢救，以提高效率。如地震发生在用餐时间，则被压人员很可能在餐厅或厨房位置；如发生在晚上睡觉时间，则被埋压人员应在卧室位置。了解房屋结构，就可在最短时间内救出被埋压人员，抢救生命。其次，应在容易形成安全三角区的地方和部位寻找，因为地震时，被埋压人员有可能在安全三角区避震。还可以找熟悉情况的人指

点，对话联系以及与被埋压者敲击器物联系。俯身趴在废墟上面仔细听寻被埋压者发出的生命信息，尽可能借助一切有效的工具或手段，不要轻易离开寻找目标及环境，有组织地分户包干彻底寻找。

震后救人的步骤

震后救人，条件、环境十分复杂，因此要因地制宜，根据具体情况采取相应的办法，关键是保障被救人的安全。这里给出救人的一般步骤、程序和方法，以及应注意的事项。

1. 定位

根据求救声、呼喊声寻找被埋压人员，判定被埋压人员的位置。根据现场具体情况，采用多种办法和方式分析被埋压人员可能所处的位置。

2. 扒挖

扒挖时要注意幸存者的安全。当接近被埋压人时，放弃使用利器刨挖。扒挖时要特别注意分清哪些是一般的埋压物，哪些是支撑物，不可破坏原有的支撑条件，以免造成塌方，对被埋压者造成新的伤害。扒挖过程中应尽早使封闭空间与外界沟通，让新鲜空气注入，以供呼吸。

3. 施救

一定要保证幸存者的呼吸。首先将被埋压者的头部暴露出来，然后将被埋压者口、鼻内的尘土清除，再使其胸腹和身体其他部位露出。对于不能自己出来的，要暴露全身，然后抬救出来，千万不能生拉硬拽。

4. 护理

救出被埋压者以后要给予必要的特殊护理。对于在饥渴、窒息、黑暗状态下埋压过久的人，救出后应给予特殊的护理：为了避免强光刺激，要用布蒙上眼睛。不能一下进食过多，不能突然接受大量的新鲜空气。被救人的情绪不能过于激动。如果被埋压者身上有伤，要就地做相应的紧急处理。

5. 运送

对于那些被救的人要分情况处理。对救出的危重伤病员、骨折伤员，运送过程中应该有相应的护理措施。对重伤员，应送往医疗点或医院进行救治。

应特别注意的是，救人过程中要把安全放在第一位。否则将会对被埋压者造成新的伤害。在河北唐山大地震救人过程中，救人者踩踏了已经倒下的房盖，使房盖下本来可以获救的被埋压者不幸身亡。扒挖时一定不要用利器，因利器伤人致命的事也发生过。因此，在抢救他人时，一定要用科学的方法救人，千万不能鲁莽行事。

抢救伤员时要注意的事项

每一次大地震之后都会出现很多的伤员，而采取科学的救助方法才能够最大限度地实现救助生命的目的。一般来说，发现伤员应该轻轻地将其抬出，不要搀扶其行走或将其背起。另外反复使用的软担架尽量不要用，一定要使用硬的东西，如门板或平整的木板，把伤员固定再抬。

科学的救助方法

单人救助

（1）扶行法：适合那些没有骨折、伤势不重、能自己行走、神志清醒的伤病员。

（2）背负法：适用于老幼、体轻、神志清醒的伤病员。如有上、下肢及脊柱骨折情况不能用此法。

（3）爬行法：适用于狭窄空间或浓烟的环境下。

（4）抱持法：适于年幼或体轻、无骨折且伤势不重的伤员。如有脊柱或大腿骨折情况禁用此法。

双人或多人救助

（1）轿杠式：适用于神志清醒的伤员。

（2）双人拉车式：适用于意识不清的伤员。

（3）三人或四人式：适用于平托法搬运，主要用于有脊柱骨折的伤员。

震后救人总原则

地震后救人，时间就是生命。总的来说震后救人的原则是：

（1）在互救过程中，要有组织，讲究方法，避免盲目图快而增加不应有的伤亡。首先通过侦听、呼叫、询问及根据建筑物结构特点，判断被埋人员的位置，特别是头部方位，在开挖施救中，最好用手一点点拨，不可用利器刨挖。

（2）如伤者伤势严重，不能自行出来，不得强拉硬拖，应设法暴露其全身，查明伤情，施行包扎固定或急救。

（3）在互救中，应利用铲、铁杆等轻便工具和毛巾、被单、衬衣、木板等方便器材。

地震防范与自救

现场急救处理

在废墟中救出伤员后,要快速地暴露其头部,清除尘土,暴露胸腹部,如有窒息,应立即人工呼吸。一旦人的呼吸、心跳停止,30秒后就会发生昏迷,6分钟后就会发生脑细胞死亡。因此,对废墟中救出的伤员进行现场急救的几分钟非常关键。对伤员的急救原则是排除窒息和呼吸道梗阻,处理创伤性休克,处理完全性饥饿,外伤止血、包扎、固定,将其搬运到医院或医疗点进行进一步的治疗。

对于长时间埋压在废墟下的人来说,其眼睛要避免强光刺激,因此应该对其进行特殊护理。在幸存者暴露在阳光下之前,要使用衣服或其他深颜色的布料蒙上伤员的眼睛。对于长时间处于饥饿的人,要对其进行喂食,使其逐渐恢复体力,但一定注意不能一下子喂过多食物。对于发生流血、骨折等严重情况的伤员,也必须按照科学的方法对其进行护理,否则会造成难以挽回的损失。

特别应注意的是,针对从废墟中救出的伤员极容易出现休克、骨折、外伤性昏迷、腹部受伤等情况,在这些情况下掌握对伤员的急救措施非常重要。另外,由于伤员在废墟下可能长时间被重物挤压,针对其在被救出后出现的挤压综合征也应该掌握救援方法。

对休克伤员的急救

休克是由各种极为严重的致病因素(如严重的创伤、出血、感染、心肌梗死等)引起的,以急性微血管循环障碍为中心环节,导致以损害生命攸关的重

要脏器细胞为结果的临床综合征。因此，休克并不是单一而独立的疾病，是多种危重疾病造成血容量、心功能、周围血管阻力及血液分布等方面的改变，以致不能满足机体代谢需要的一种紧急状态。

休克并非仅仅是因为血压的下降，休克初期血压不仅下降不明显，舒张压还会有所增高。因此，休克的临床观察应重点注意以下诸方面：

（1）口唇及全身皮肤呈苍白色、湿凉，有黏汗。

（2）躁动后有抑郁、反应迟钝等神志精神的改变。

（3）脉搏软弱无力而快速（120～140次/分钟），血压逐渐下降，收缩压与舒张压的间距缩小。

（4）尿量减少（每小时少于15毫升，24小时少于400毫升）。

对于休克的现场急救，应采取平卧而下肢抬高15°～20°的体位，这样有利于静脉血回流，保证基本生命支持的需要。心源性休克伴有心功能不全，尤其是有左心功能不全的突出表现时，头部、躯干应稍加抬高，以利呼吸。

设法保持比较正常的体温，对于低体温者应加以保温，室温调整在22～28℃，湿度在70%左右较为适宜；如是高温者需做有效而适当的降温，仍以物理降温为好，防止药物降温引起过多出汗而加重病情。

保持呼吸道通畅，清除口腔内痰液等分泌物或异物，以保证休克时供氧不足情况有所改善，及早送患者至医疗机构救治。

对骨折伤员的急救

地震发生后的建筑物坍塌，很容易造成人员骨折情况。骨折分为外骨折和内骨折两种类型。

外骨折是指断骨可能会刺破皮肤，有明显的伤口。这种情况容易引起病菌感染，使治疗变得更加困难。在夹板固定前要把断骨复位，断肢摆直，这一定很痛。如果伤员已经昏迷，可以直接完成。

内骨折是指断骨没有刺穿皮肤或裸露在外。触动受伤部位时，即使外施轻微压力，也会一触即痛。内出血进入组织以后，会引起肿胀，随后出现青紫斑或失去血色。移动伤肢，伤员会痛苦大叫。

对于骨折可用固定的方法急救，针对伤员不同部位的骨折情况，应该有针对性地进行合适的处理。

（1）肘部以下骨折：用悬带将伤臂吊于肩上，从肘部至中指用加垫的夹板固定。在肘部下方打结可以阻止滑动，手臂抬高可以避免严重肿胀。

（2）肘部骨折：肘部弯曲，用狭长吊带支持。上臂与胸部捆扎在一起，阻止上臂摆动。检查脉搏，确保血液循环。如果摸不到脉搏跳动，可稍稍将臂部放直，观察能否恢复。如果断肘僵直，别硬要弄弯它。用加垫的夹板将它竖直固定，用吊带将断臂绑在腰部。

（3）上臂骨折：从肩到肘用加垫的夹板固定，腕部用窄带吊于颈部。

（4）肩胛骨骨折：用吊带支撑受伤部位的重量，用绷带将臂部与胸部固定。

（5）锁骨骨折：用吊带支撑受伤部位的重量，用绷带将臂部与胸部固定。

（6）下肢骨折：需用"八"字形绷带将足踝与双腿都捆扎起来，这样可以防止断肢翻转或缩短。

（7）髋部或大腿骨折：将一块夹板放于腿部内侧，另一块更长的夹板放于伤肢外侧，由胯部至足踝部，用绷绳捆扎固定。如果没有夹板，在两腿之间夹上衬垫、折叠的毛毯或衣物都可以，伤肢绑扎固定于对称的另一条腿上。

（8）膝部骨折：如果伤腿僵直，将夹板置于腿后，膝部加垫。如果有条件，用冰块冷敷膝部。如果伤腿弯曲，不要强行拉直，可将双腿并拢，腿之间加垫，绷带扎牢。如果不能得到及时的医疗援助，那么应尽可能将伤腿绑直。

（9）小腿骨折：从膝上部开始固定夹板，或者在双腿间加垫、捆绑。

（10）足部或踝部骨折：通常不用夹板，抬高足部以减缓肿胀。用枕垫或折叠式毛毯包裹踝部及足。踝部以上绑扎两圈，足部绑扎一圈。另外，如果没出现伤口，可以不必脱鞋，以起到固定作用。伤员足部不能负重。

（11）骨盆骨折：表现为腹股沟或下腹部疼痛。分别绑扎膝部及踝部，在腿部弯曲处垫上枕垫，使整个身体固定于平台上，担架、门板或桌面等都可以。分别于肩

部、腰部及踝部绑扎牢靠。在两腿之间加垫，足、踝、膝和大腿之间分别用绷带绑扎固定，用两根更长的绷带绑扎骨盆部。

（12）颅骨骨折：症状表现为血液或淡黄色黏液从眼、鼻处渗出。应将伤员放置于恢复位，渗液面朝下，允许黏液流出来，这样就不会压迫大脑皮层。仔细检查确保伤员能正常呼吸。完全式固定包扎，尽可能让伤员舒服一些。

（13）脊椎骨折：如果伤员颈背部疼痛，而且下肢可能失去感觉，应判断是否是脊椎骨折。轻轻触动伤员肢体，察看有无感觉；要求伤员按指示运动手指及脚趾。如果没有希望获得医疗援助，此处又很安全，要求伤员静静躺卧。用合适的物品，例如行李或垫石支在身体左右，防止头部或躯体摆动。

（14）颈椎骨折：怀疑颈椎发生骨折时，必须用适当材料围住颈部，阻止其晃动。用卷起的报纸、折叠的毛巾、车坐垫等材料都可以，折叠成宽10～14厘米的带状物，根据伤者从胸骨至下颌部的距离，朝向面部的一侧要折叠得宽一些，围住颈部，用布带或鞋带系好。防止颈椎骨折产生更严重的后果。同时，将伤员肩部及髋部绑扎牢固，用柔软有弹性的物品垫在大腿、膝盖及足踝之间。用宽松的绷带绑扎双膝及双腿，全身固定。尽快寻求医疗救助。

对外伤性昏迷伤员的急救

在救出外伤性昏迷伤员后，要让伤员平卧，下颌抬高，保持其相对固定的体位，保护好伤员的头部，避免头部活动。松解开伤员的腰带、领口等压迫物，以使其呼吸通畅。伤员如果呕吐，则应将其头偏向一侧，以利呕吐物排出，避免呕吐物被吸入气管。如果伤员安有假牙（义齿）或牙齿有破碎情况，要取出假牙和碎牙。要对伤员口腔内的凝血块、呕吐物、分泌物等进行清除，以帮助其建立有效的呼吸通道。伤员如果发生呼吸暂停，要立即进行人工呼吸，条件允许的话要立即给氧，尽快输液，尽早转移到治疗点或医院进行救治。

对腹部受伤伤员的急救

腹部受伤分钝伤和锐伤两大类。钝伤外部无明显的伤口流血，但有可能引起脾、肝、肠、肾等破裂，出现出血性休克症状；锐伤有明显的流血伤口，有的还伴有内脏脱出。

对钝伤的紧急处理关键在于要考虑到出血性休克的可能。若有明显压痛、头晕乏力感以及口渴要喝水等情况，有可能是内出血，应该使伤者平卧，双腿下放枕头，使下肢抬高，可增加回心血量，不能给伤者喝水，以免增加腹腔内脏血流量而加重内出血。钝器伤引起的内出血如果不能及时被发现，往往会造成严重后果。

当腹部受锐器所伤造成肠子脱出时，千万不能将肠子回纳至腹腔内。这是因为正常人的肠子在肠腔内按一定方向排列，履行消化、吸收、蠕动功能。当腹壁受伤伴肠子脱出时，肠子排列变得紊乱，而无规律地将其回纳至腹腔，即可造成脱出肠子的扭曲、嵌顿，于是形成血液循环障碍使其缺血和坏死；另外，肠子脱出后极易感染，用未经消毒的手将其回纳至腹腔时，又易把外界细菌带入腹腔内，极易造成腹膜炎。

腹部创伤并发肠子脱出的伤员，可用一块厚的消毒敷料对肠子加以保护，或用干净的饭碗扣住已脱出的肠子，然后再用绷带包扎，注意避免压迫脱出的内脏。如果脱出的肠子已穿破，且有内容物外溢，可临时用钳子钳闭，将其一起包在敷料内。伤员取半卧位或仰卧位，膝下垫起，以松弛腹壁肌肉，降低腹压；伤员尽量避免用力咳嗽，以防肠子继续脱出。严禁饮食、喝水，因为这样会加重肠子的负担——增加肠内容物，从而加大手术的难度。对疼痛剧烈者，可肌肉注射止痛药剂。

提防震后挤压综合征

地震发生后，挤压综合征是仅次于建筑物坍塌导致外伤的第二大死亡原因，但如果能及时得到正确的救治，许多人可以保住生命。

在被挖掘出来之前，压在伤者身上的瓦砾起到了止血带的作用，有效地让血液循环不经过受压部位。在被救出后，受挤压肌肉的机械拉伸以及肌肉组织因供血不足出现的坏死，会导致有害物质释放。

埋在瓦砾下时，他们相对来说是安全的。当压迫身体的东西被移走后，血液会进入受损的肌肉组织，这时麻烦就来了。最先出现的是钾离子构成的威胁。在肌肉细胞中，钾离子的浓度很高，它对肌肉的收缩功能发挥着至关重要的作用。血液中出现太多的钾会让心脏出现不规律的跳动，甚至最终停止跳动。另一种威胁来自肌红蛋白。它能够与肌肉中的氧结合，最大限度地提高肌肉的工作效率。一旦肌红蛋白释放到血液中，就会渗入肾脏，并积聚起来，阻塞肾小管，并最终损害肾脏，有时这种损害是永久性的。

给伤者静脉输液能够稀释这些物质，并有助于将它们排出体外。通过其他方法也能够防止心脏受到钾离子的损害。如果伤情严重，就必须透析。通过透析，受损的肾脏往往能够恢复正常功能，不过患者通常需要接受至少两周的透析治疗。在治疗过程中，还有可能出现危及生命的并发症，比如感染、出血等。

创伤现场急救四大技术

止 血

止血方法有四种：指压（压迫）止血、加压包扎止血、止血带止血，还有填塞止血。

指压止血法就是用手指压住出血伤口的上方，使得血管被压在附近的骨块上，从而阻断血流，达到止血的目的。指压法要求以一定的力量压住血管，尤其是下肢血管出血，否则达不到止血目的。应用指压法止血，需要事先了解身体大血管的走行位置，准确施压，才能奏效。

加压包扎止血就是用干净、消过毒的较厚纱布，覆盖在伤口表面，如无纱布，可用干净毛巾手帕等替代。然后在纱布上方用绷带、三角巾紧紧缠绕住，加压包扎，即可达到止血目的。

止血带止血就是在出血点附近绑扎止血带。一般扎止血带的位置应在伤口的上方，应距离伤口越近越好，以减少缺血的区域。上肢出血时扎上臂的上部，下肢出血时可选大腿上部，前臂和小腿一般不宜绑扎止血带。用止血带止血方法简便，效果可靠，关键时刻可起到挽救生命的作用。但止血带完全阻断了受伤肢体的血流，如果绑扎时间过长，受伤肢体容易发生坏死等严重后果，因此，正确使用止血带非常重要，最好与加压包扎止血法配合使用。最合适的止血带是弹性的空心皮管或橡皮条。紧急情况下，可用宽布条、三角巾、毛巾替代，也可用衣襟、领带、腰带等就地取材。在使用止血带前，在绑扎位置先垫一层毛巾或几层纱布或直接扎在衣物上，避免皮肤被止血带勒压而坏死。连续使用止血带最好不要超过 1 小时。若连续使用，应每隔 1 小时放松止血带一次，每次放松时间为 30 秒至 1 分钟。

包　　扎

包扎伤口的目的主要有帮助止血，吸收伤口流出的液体；固定骨折，尤其是开放性骨折；保护伤口不被污染，减少感染机会；固定覆盖在伤口上的辅料，如纱布等。伤口出血量大、速度快，可加压包扎，或者加压包扎加止血带进行止血。出血量小、速度慢，应先清洁伤口再包扎。使用的材料有绷带、三角巾，也可就地取材。包扎要求：轻、快、准、牢，先盖后包（干净敷料），不可过紧或在伤口上打结，暴露肢端。

固　　定

固定的目的是避免进一步损伤，减轻伤员的疼痛和便于搬运。可以使用夹板、书本或树枝等进行固定。

外伤固定应注意以下事项：有开放性的伤口应先止血、包扎，然后固定。如有危及生命的严重情况应先抢救，伤情稳定后再固定；怀疑脊椎骨折、大腿或小腿骨折，应就地固定，切忌随便移动伤员；固定应力求稳定牢固，固定材料的长度应超过固定两端的上下两个关节；夹板和代替夹板的器材不要直接接触皮肤，应先用棉花、碎布、毛巾等软布垫在夹板与皮肤之间，尤其是肢体弯曲处等间隙较大的地方，要适当加厚垫衬。

搬　　运

伤员宜躺不宜坐，昏迷伤员应侧卧或头侧位，要严密观察伤员神情；要保护颈椎、脊柱和骨盆。

包扎方法

包扎是对震后外伤伤员进行现场应急处理的重要措施之一。及时正确的包扎，可以达到压迫止血、减少感染、保护伤口、减少疼痛，以及固定敷料和夹板等目的。相反，错误的包扎可导致出血增加、加重感染，造成新的伤害、遗留后遗症等。

包扎伤口应了解有无内在损伤，在外伤急救现场，不能只顾包扎表面看得到的伤口而忽略其他内在的损伤。

同样是肢体上的伤口，有没有骨折，其包扎的方法有所不同。有骨折时，包扎应考虑到骨折部位的正确固定。同样是躯体上的伤口，如果发现内部脏器有损伤，如肝破裂、腹腔内出血、血胸等，则应优先考虑内脏损伤的救治，不能在表面伤口的包扎上耽误时间。同样是头部的伤口，如颅脑损伤，不是简单的包扎止血就完事了的，还需要加强监护。对于头部受砸打的伤员，即使自觉良好，也需观察 24 小时。如感觉头胀、头痛加重，甚至恶心、呕吐，则表明存在颅内损伤，需要紧急救治。

因此，在对伤者明显可见的伤口进行包扎之前，一定要了解有没有其他部位的损伤，特别要注意是否存在比较隐蔽的内脏损伤。在有出血的情况下，外伤包扎的实施必须以止血为前提。如不及时止血，则可能造成严重失血、休克，甚至危及生命。针对动脉出血和静脉出血的不同情况，采取指压止血法和止血带止血法等临时措施进行临时止血处理，然后送往医疗点或是等待救护人员前来救治。

包扎材料以绷带、三角巾最为多见。在现场急救时，如没有专用的绷带和三角巾，可将衣物、床单、毛巾等物撕成布条来代替绷带，也可将衣物、床单裁成三角巾。绷带包扎一般用于固定肢体、关节，或固定敷料、夹板等。三角巾包扎主要用于包扎、悬吊受伤肢体等。

绷带包扎方法

绷带的包扎方法有环形法、螺旋形法、螺旋反折法、蛇形法、8字形法和回返法几种。

1. 环形法

通常用于包扎手腕部及粗细大致相等的部位，如胸部、腹部。将绷带做环形重叠缠绕，第一圈做环绕时稍呈斜形，第二圈、第三圈以环形缠绕压住第一圈，在绷带末端剪出两个布条，对绕肢体后打结。

2. 螺旋形法

适用于前臂、手指、躯干等处。多用于粗细大致相等且大面积受伤的肢体的包扎。使绷带螺旋向上，每圈应压在前一圈的1/2处。

3. 螺旋反折法

多用于前臂、大小腿等。由下而上，先做螺旋状缠绕，待到渐粗的地方，每圈把绷带反折一下，盖住前一圈的1/3~2/3处。

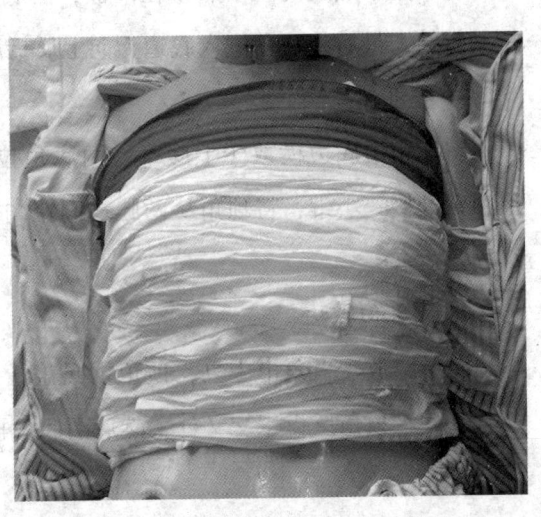

4. 蛇形法

多用于夹板之间的固定。将绷带环形缠绕数圈后，以一定间隔斜行缠绕，在末端按环形缠绕后打结。

5. 8字形法

多用于肩、髂、膝、髁等处的包扎。本包扎法是将绷带一圈向上，再一圈向下，每圈在正面和前一圈相交叉，并压盖在前一圈的1/2处。

6. 回返法

该法多用于头和断肢端等。用绷带多次来回反折。第一圈常从中央开始，接着各圈一左一右进行缠绕，直至将伤口全部包住，用环形缠绕将所反折的各端包扎固定。

三角巾包扎方法

三角巾主要根据包扎部位的不同而采用不同的包扎方法。

1. 面部包扎法

在三角巾的顶角打一个结，然后把顶角放在头顶部，三角巾的中心部分包住面部，在耳、眼、鼻及嘴的地方剪洞，把左右底角拉到颈后交叉，再绕到前额打结。

2. 头部包扎法

将三角巾底边的正中点放在前额，两底角绕到脑后，交叉后经耳绕到额部拉紧打结，最后将顶角嵌入底边，向上反折后打结固定。

3. 腹部包扎法

将三角巾底边横放于上腹部，两底角拉向后方紧贴腰部打结，顶角朝下，在顶角处接一小带，将顶角从两腿之间拉向臀部，与在腰部打结后的底角再打结固定。

4. 手部包扎法

将手掌放于三角巾中央，顶角折回盖于手背上，两底角左右包绕手背呈交叉状，并将顶角反折于交叉处，然后两底角再回绕腕部一周压住顶角打结。

5. 足部包扎法

将脚放于三角巾中央，提起顶角折回盖于足背上，将一侧底角提起折向足的另一侧，绕踝关节一周与顶角打结，然后提起另一侧底角绕踝关节一周，再与另一底角打结。

特别伤口的包扎

除了掌握绷带、三角巾的包扎使用方法外，了解一些特别伤口的包扎方法和包扎禁忌，对于挽救震后伤员的生命，防止错误包扎导致伤口感染和肢体坏死情况的发生，有着很重要的意义。

腹部伤包扎时，可以用湿润布条润湿伤员嘴唇和舌部，会使伤员感觉好受许多；如果伤员肠子流出腹腔，要保护好，并保持润湿。不要企图把它复位，这会为营救后的手术带来麻烦。如果没有内脏器官外露，应将伤口清洗包扎好。腹部内脏发生溢出，包扎时伤员应取仰卧位，屈曲下肢，使腹部放松，以降低腹腔内的压力。先盖上干净的敷料保护好脱出的内脏，再用厚敷料或宽腰带围在脱出的内脏周围（也可用干净的碗罩住），然后进行包扎。

如果胸腔受伤穿孔形成开放性气胸，吸气时胸腔扩展，空气会进入伤口，引发肺功能衰竭，这是胸部伤引起的最大危险之一。这时应及时用手掌捂住伤口，阻止吸气时空气进入，应尽快封闭胸壁创口，使开放性气胸变为闭合性气胸。让伤员仰卧，头和肩膀倾向受伤的一边。用多层纱布或棉花做垫，用绷带加压包扎；或者利用塑料片或铝箔堵塞伤口，用三角巾包扎好。

头部受伤很可能会伤及脑部，伤口也可能会影响正常呼吸和饮食。要确保舌根不会抵住喉管，使得呼吸通畅，必须除去假牙或已脱落的碎牙，控制住流血。清醒伤员可以坐卧，昏迷伤员如果颈部和脊椎无伤，必须按照恢复位侧卧。如果脑组织发生膨出，则要用无菌纱布覆盖膨出的脑组织，然后用纱布折成圆圈放在脑组织周围（也可用干净的瓷碗扣住），以三角巾或绷带轻轻包扎固定。

另外，在包扎伤口时要特别注意，要使用干净无污染的布料进行包扎；动作要迅速准确，不能加重伤员的疼痛、出血或伤口污染；包扎不宜太紧或太松，太紧会影响血液循环，太松会使敷料脱落或移动；包扎四肢时，指（趾）端最好暴露在外面，以便观察血液流通情况；用三角巾包扎时，角要拉紧，包扎要贴实，打结要牢固；打结处不要位于伤口上或背部，以免加重疼痛。

第五章

历史上的重大地震

地震防范与自救

1303年山西洪洞地震

公元1303年9月17日，晋南广大城乡忽然大风骤起，声如巨雷，山摇地动，山崩滑坡，地裂渠陷，村堡移徙，这就是历史上记载较为详细的山西洪洞、赵城附近的8级大地震。此次地震，震中位于北纬36.3°，东经111.7°；极震区烈度达11度；死亡47.58万人。这是迄今为止在全国特大灾难性地震中，死亡人数仅次于陕西华县地震的占第二位的地震。破坏区北到太原、忻定，南达运城及河南、陕西等省的部分地区。破坏面积沿汾河流域分布，南北长500千米，东西宽250千米。山西、陕西、河南三省有51个府州县的志书记载了这次地震的破坏情况。

这次地震的破坏和伤亡极为惨重。霍县、赵城、洪洞一带南北长44千米、东西宽18千米范围内的房屋几乎全部倒塌，官署民舍、庙宇塔楼无一幸免。赵城县郇堡发生大规模地滑，地滑范围从东北的郇堡桥、韩家庄至西南的营田、北郇堡一线，地滑体长约1600米，宽1400米，滑体上的村落随滑体迁徙好几千米，滑动体摧毁了许多村堡、水渠、道路。地滑体附近及其以南的马头村一带还同时发生泥石流和河岸坍陷。灾难席卷了赵城以北的霍县、灵石、介休、孝义、平遥、汾阳、祁县、徐沟和南部的临汾、浮山、襄汾、曲沃等地，官民房舍均荡然无存，地裂城陷到处可见。在其外围，北至忻县、定襄，南到河南沁阳，东至长治、左权，西到大宁、陕西朝邑，均遭到不同程度的破坏。整个震区几无完屋，即便是墙厚地基好、柱粗梁多、抗震性能好的寺观、庙宇、官署、儒学等大型古建筑亦被毁1400多座。

由于灾情惨重，元成宗铁穆耳发钞96 500锭，遣使赈济，免差税，开放山

168

场河泊，听民采捕，以渡灾年。大震后余震数年不止，加之连续 3 年天旱无收，人民饥寒交迫，流离失所。

这次地震灾情如此严重，除因地震震级很大之外，地震发生在晚 8 时左右也是主要原因之一，此时人们多在室内，房屋倒塌必然形成巨灾；而且极震区主要集中在人口稠密、地基软弱的太原、临汾两个盆地内，地基失效加重了建筑物的震害，该区域建筑质量（特别是土墙房和土窑洞）也很差，极不抗震，加上震前无感，人们毫无警觉和提防，震后各家都失去自救能力，当时又无救灾力量赶赴现场，遇难者难以得救，因而形成了严重的灾害。

1556年陕西华县地震

1556年1月23日0时左右（明嘉靖三十四年十二月十二日子时），北纬34.5°，东经109.7°发生8级地震。据史书记载，此次地震以陕西渭南、华县、华阴和山西永济四县的震灾最重，故称为华县地震。有姓名记载的死亡人数达83万人，是目前世界已知死亡人数最多的地震；共有101个县遭受了地震的破坏，分布于陕、甘、宁、晋、豫5省约28万平方千米。地震有感范围为5省227个县。震中区为西安市以东的渭南、华县、华阴、潼关、朝邑至山西省永济县等，约2700平方千米。陕西、山西、河南三省97州遭受破坏。余震月动三五次者半年，未止息者三载，五年渐轻方止。

地震造成的损失极其严重：民房、官署、庙宇、书院荡为废墟；较坚固的高大建筑物城楼、宝塔、宫殿全部倒塌；地震造成华阴县城西驻马桥断裂，城北大员村地裂数丈，水涌数尺；大荔县南的紫微观和朝邑西南的太白池在震后干涸；黄河南岸的大庆关和蒲州河堤尽数崩塌；华县凤谷山石泉废为干泉。据史料记载，死亡人口上万的县，西起径阳，东至安邑；死亡人口上千的县，西起平凉，北至庆阳，东至降县。震时正值隆冬，灾民冻死、饿死和次年的瘟疫大流行及震后其他次生灾害造成的死者无数可计。地表出现大规模形变，如山崩、滑坡、地裂缝、地陷、地隆、喷水、冒砂等。历史文献记载"起者卧者皆失措，而垣屋无声皆倒塌矣，忽又见西南天裂，闪闪有光，忽又合之，而地皆在陷裂，裂之大者，水出火出，怪不可状。人有坠入水穴而复出者，有坠于水穴之下地复合，他日掘一丈余得之者。原阜旋移，地面下尽（改）故迹。后计压伤者数万人"。

1739 年宁夏平罗地震

1739 年 1 月 3 日晚 8 时左右，在平罗、银川一带发生该区有史以来最大的 8 级地震，银川平原内城镇村庄房倒屋塌，压死 5 万多人。尤以平罗及以南 20 千米的新渠，以北 25 千米的宝丰等县受灾最重，城垣房舍尽行倒毁，平地或突起为丘地，或下陷为沼泽，遍地裂缝宽数米。银川城破坏亦十分惨重。

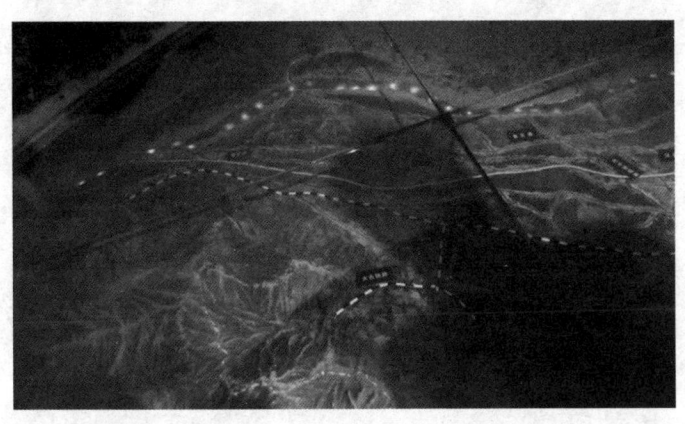

这次地震不仅破坏严重，破坏范围和有感范围广，而且火灾、水灾和地表沉陷、液化等次生灾害大大加重了灾情。地震时值隆冬，当地军民都以火炉烤火取暖，房屋倒塌，火焰蔓延，烧毁衣物、家具、粮食、军械等。由于地震时大多数人都被压死压伤，无人救火，而且各城镇多处同时起火，火势越烧越猛，许多地方大火燃烧了 5 昼夜方熄。银川总兵官署的印信都被火焚化，官民兵马多被烧死。由于火灾焚毁衣物粮食和地震未倒的房屋，使灾民无衣无食无住处，因冻饿而再死伤一批。

地基液化不仅使地面大面积沉陷积水成沼，还使地下水产生很高的水压沿地裂缝喷涌而出，并夹带大量泥沙塞渠毁田，致使从黄河沿岸至贺兰山麓均成一片冰海、沙海。特别是宝丰、新渠及各营堡、黄河沿岸，地裂缝宽数米，大水涌出，河水泛涨，一并涌进城乡，遂成一片汪洋，水深1～2米多，地震时未倒的房屋大多被水淹没毁坏，地震时未被压死的人畜大多被水淹冻而亡。

这次地震造成的损失是惨重的。官署、庙宇、兵民房屋倒塌无存，重要的历史典籍毁于一旦，灾害涉及甘、陕、鲁、晋、冀等省47州县，最远到河北容城，约900千米。由于这次地震，新建才十几年的宝丰、新渠二县被朝廷裁汰，属地大部归平罗县管辖，朝廷拨银7万两用于重建平罗县城。

1902 年新疆阿图什地震

1902 年 8 月 22 日（清光绪二十八年七月十九日），阿图什发生 8.2 级地震，史称喀什噶尔地震。清朝裴景福在《河海昆仑录》卷 4 中有此次地震的记载。

大震造成阿图什、乌恰等 18 个县的房屋倒塌 3 万多间，死伤 1 万多人，损失牲畜 600 多头；极震区内的土搁梁房全部倒塌；阿湖出现宽 2 米的地震破裂带；托格拉克卡拉亚尔几条沟崩塌数百至数千立方米，堵塞河谷，形成 4~5 级跌水，最高落差为 5 米。阿图什山错动，崩塌极甚；新泉如腰粗，喷水冒砂高达 7~8 米，甚为壮观，震后形成水泉，至今冒水不止；大震前，气候、动物异常，地光、地声等也有前兆。大震后，余震不断，延续了 10 年之久。

地震波及范围甚广，东起乌鲁木齐，西到塔吉克斯坦的苦盏，南抵和田以南，北达伊犁及俄罗斯的伏龙芝一带；共倒塌房屋 3 万多间，死伤 1 万多人，损失牲口 600 多头。

由于此次地震应力应变能的释放较为彻底，极震区内数十年内未发生过 5 级以上地震。崩塌的面积达到几十万平方米；滑坡体上分布着宽大的密密麻麻的裂缝，其中长 40 米，宽 2 米，深 1~2 米的裂缝占全部裂缝的 25%；西罗湾湖滩地最大陷穴的直径达 10 米，深 2.5~3 米；高台县由于人口少、居住并不稠密，因而造成的损失并不太严重，全区倒房 11 675 间，死 270 人，伤 300 人。

就在这次大地震中，昌马下窖石窟的大多数洞窟也被损毁，只有 4 座洞窟幸存，这就是我们今天看到的昌马石窟的 4 座洞窟。

地震防范与自救

1906年美国旧金山大地震

1906年4月18日晨5时13分，一次8.3级地震猛烈袭击了美国旧金山及周围地区。地震的肇因是美国西海岸"圣安德烈斯断层"的活动。这场大地震仅仅持续了75秒钟，之后的旧金山几乎一片瓦砾。

这场地震来势凶猛，短暂的时间内，高级住宅像积木一样倒塌下来。旧金山海湾沿岸那些建在沙质土地上的木屋，在地震中全部变成废墟；位于奈恩斯和布兰努街上的楼房也大多被震塌。而那些年久失修的公寓，木料腐朽，在地震中连挣扎一下都不可能，眨眼间就变成了一堆碎砖烂瓦，里面的人多数被当场压死。位于多尔街沿街的房屋虽未全部倒塌，但也都摇摇欲坠、面目全非。在商业区里，大多数房屋被地震摧毁，瓦砾堆高达四五米。在瓦砾堆中，偶尔露出僵硬的马腿和变了形的死人头颅。伯利海岸更呈现出一片浩劫后的狼藉，停泊在码头上的许多大汽艇竟搁浅在塌屋的废墟中。

旧金山市政厅大厦曾令旧金山人引以为傲，是旧金山人花了20年的时间、耗费600万美元建成的。大厦的钢铁圆屋顶由许多高耸的铸铁和石头圆柱支撑。8.3级的强地震将这座大厦扳倒在街上，圆柱子倒塌时压死了几个路上的行人；大厦塔尖天花板和墙壁的碎块四处乱飞，散落到附近各处。

当时市内有50多处突然起火。勇敢的消防队员冒着两边房屋倒塌的危险，迅速赶到各处现场，扭开水龙头准备扑灭火焰，却没有一滴水流淌出来。人们这才注意到，埋在地下的粗大的地下自来水管全都断裂了。地下情况和地面一样，也乱成了一团糟。

绝望的消防员们束手无策，眼看火势越烧越猛，只好利用街面空隙，拼命阻挡烈火，企图把大火局限在少数街区内，不让它向外蔓延。可是市内火头太多，消防队员太少，顾此失彼无法如愿以偿。大火终于失去了控制，火焰跳跃过狭窄的街面，迅速舐着了对面的街区，延烧到别的地方。大火燃烧了整整三天三夜，吞没了约10平方千米的市区。消防队员这才下了决心，咬紧牙关使用火药在火区周围炸出一道宽阔的隔火地带，这才终于控制了火势，使旧金山没有像17年后的东京一样，完全被烈火焚毁一空。

在地震和火灾中，旧金山遭到了彻底的破坏，共有500多条街被毁，2800多栋楼房着火，其中一半是居民住宅。公布的死亡人数约为3000人，经济损失约5亿美元，其中70%由保险公司赔偿给投保人。由于损失巨大，许多保险公司无力赔偿，被迫破产。

地震过后，鼠疫为灾难中的旧金山又蒙上一层阴影。地震切断了水源，一杯水的价钱曾达到50美分。当时在旧金山人中流传一句名言："尽快吃喝玩乐吧，因为我们明天就可能不得不搬迁去奥克兰。"美国作家杰克·伦敦亲身经历了这次地震，写下了著名的《旧金山毁灭了！》一文。

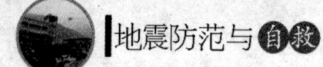 地震防范与自救

1923年日本关东大地震

1923年9月1日，位于太平洋西北部边缘的日本国关东平原南部的相模湾海海底，突然发生里氏8.3级海洋型大地震，震中烈度为11度，导致东京都、横滨、横须贺三大城市完全毁灭，14.3万人丧生。

在太平洋板块与欧亚板块接缝东侧边缘，有一条宽达数十千米，深达万米的相模湾海沟。地震板块学认为，太平洋板块正是通过此海沟对欧亚板块实施局部斜向俯冲向下沿线插入的；时而碰撞，时而挤压，致使此间海底和"太欧板块"边缘一带的地壳变动剧烈，地震非常频繁。地震学家将此震域划定为"环太平洋地震活动带"，世界上76%的地震都发生在这一活动带上；日本最大的岛屿——本州岛刚好处在这一地理位置，所以日本又被称为"地震王国"。

1923年8月30—31日，猛烈的台风在关东平原连续肆虐了两天两夜。9月1日，天气突变，微风徐来，蓝天白云，晴空如洗。上午11时左右，东京都上空突然出现奇形怪状的浓云，并伴有狂风暴雨；约40分钟后，风向突转南。11时58分，"太欧板块"猛烈错动，随即斜向俯冲碰撞，相模湾海沟当即下陷399.3米。刹那间，附近地面上下跳动（P地震波）十分厉害，有如大蚯蚓爬行，一伸一缩，秒速高达6千米。距震中只有100千米的东京都、横滨、

横须贺等市的房屋楼宇和建筑物，就在一阵阵奔雷般的"轰隆"声中纷纷坍塌。

由于地震时正处于正午，楼房一塌，火灾四起；加之当时的房屋多为木结构建筑，所以易形成连串燃烧，很难控制。在东京都，震后半小时就发生火灾212处。最惨烈的是，计有4万多灾民蜂拥逃聚到东京军事制服厂那一块约有10万平方米的独立空旷地上；下午16时左右，风向突变，无数火星像骤雨般袭来，引燃了刚抢救出来的物资和灾民的衣裤；人海立即变成火海，当场烧死、窒息3.8万人，只有2000人侥幸逃生。

从废墟中逃出来的数万灾民，被两岸的熊熊大火逼上了横跨隅田川的5座大桥；人多桥窄，无数的难民被迫跳入河中，有的当即被淹死，有的挣扎到岸边，又被强大的热浪烤死。数天后，桥头、桥上、岸边、水面上到处都是被烧得乌漆墨黑的焦尸。有篇纪实报道曾这样描述道：熊熊的大火又物化出无数强劲的上旋气流，并演变成转速极高的龙卷风；计有120条烟龙卷、火龙卷在市区疯狂肆虐；龙卷到处，无一不是扫荡殆尽。无论你是死死地抱住下沉物体，还是机警地趴下来紧贴着地面，都是一样统统被气旋吹得像足球一样疯滚，甚至数百人也被冲卷上几百米高空；有的侥幸躲过火龙卷、烟龙卷，最终却逃不出缺氧（因烈火耗尽空气中的氧气）而窒息死亡。

在横滨，海岸浪高达9米以上，不少建筑物被卷走。在相模湾北部海底，因断层错动造成隆起和陷落高差达300～400米。铁路交通枢纽也被彻底摧毁，208处大火将整个横滨变成了火葬场；20个车站，8列火车，数十节车厢和5.8万幢房屋先后被烧毁。据震后统计，关东大地震毁灭了57.5万幢房屋（火烧44万多幢），死亡14.3万人，是日本国有史以来最大、损失最惨重的大地震。

震后不久，日本天皇将每年的9月1日诏定为"全国防灾日"。这是20世纪地震史上"三大毁灭性地震"事件之一，同时又是最大地震火灾，经济财富损失（总价值折合今300亿美元）最惨重的灾难性大地震。

 地震防范与自救

1933年四川叠溪地震

1933年8月25日15时50分30秒，位于北纬32.0°，东经103.7°的中国四川阿坝藏族羌族自治州茂县北部发生7.5级地震，震中烈度10度。死亡人数达2万多人。

震前曾发生犬哭羊嘶、蛇出鼠惊、乌鸦惨啼、母鸡司晨等异象。地震发生时，天空中发出霹雳巨响，大地开始猛烈地摇晃起来，地中发出巨大响声，与地面隆隆之声相混合。风沙走石滚滚而来，人们的耳、眼、口、鼻均被尘土所塞，满眼迷离不能远视，只见近处地皮到处裂开了大缝，忽开忽闭，大地向下倾陷，人在地上一步不能移动，意志全失。持续了一分钟之久，地壳停止摇晃，但四周巨大的隆隆声仍持续不断，沙石继续飞扬，3小时后尘雾稍歇，方可辨

远近,太阳西沉,河山改易。叠溪这座拥有270余户羌人的古老羌城,历史上重要的军事要塞——古蚕陵重镇,竟被地震毁于一旦,只剩下一座残破不堪、倒塌了大部分的城隍庙。城隍老爷塑像亦被乱石打得支离破碎,半张庄严的脸庞和一只瞪圆的眼睛被埋在尘土之中。

巨大山崩使岷江断流,壅坝成湖。1933年10月9日19时,叠溪海子瀑溃,积水倾泻涌出,浪头高达20丈(约66.7米),壁立而下,浊浪排空。急流以每小时30千米的速度急涌茂县、汶川。次日凌晨3时,洪峰仍以4丈(约13.3米)高的水头直冲灌县,沿河两岸被蜂拥的洪水一扫俱尽;茂县、汶川沿江的大定关、石大关、松基堡、长宁、浅沟、花果园、水草坪、大河坝、威州、七盘沟、绵池、兴文坪、太平驿、中滩堡等数十个村寨被冲毁;都江堰内外江河道被冲成卵石一片,冲没韩家坝、安澜桥、金刚堤、平水槽、飞沙堰、人字堤、渠道工程,防洪堤坝荡然无存;邻近的崇宁、郫县、温江、双流、崇庆、新津等地均受巨灾。据不完全统计,死亡人数在2500余人。

在叠溪遭到灭顶之灾的同时,世界各地的地震仪也不断收到了大地颤动的信号:鸟孰峰、南京地震台几乎同时记录到这次灾难的振波;马尼拉、大阪、棉兰、孟买、哥本哈根、汉堡、檀香山、巴黎、突尼斯、悉尼、多伦多、威林顿、渥太华、拉巴斯等世界百多家地震台都测收到了这可怕的震波。

1950年西藏察隅地震

1950年8月15日22时9分34秒，西藏察隅县（28.5°N，96.0°E）发生震级8.5级的强烈地震。此次地震震中烈度12度，死亡近4000人。强震使世界各国的地震记录仪纷纷出格，美国科学家认为地震发生在日本，而日本科学家认为地震发生在美国。喜马拉雅山几十万平方千米大地瞬间面目全非，雅鲁藏布江在山崩中被截成4段。这次地震使整个雅鲁藏布江河湾地区和米林、林芝、波密、朗县、隆于、错那、八宿、察隅、昌都等27个县，以及印度境内阿

萨姆邦的迪布加尔、萨地亚、提斯浦尔、乔尔哈特等被卷入这场灾难。破坏范围西南到西藏洛扎、印度西隆，东北抵西藏井盐、丁青问，长约800千米，宽约500千米，面积40平方千米。有感范围北至青海囊谦，东至四川巴塘、白玉、甘孜，南至缅甸的仰光，西至印度的勤克瑙，最远有感距离1200～1300千米。

这次地震还引起了严重的次生灾害。地震发生的顷刻间，庙宇、官署、村庄毁灭，大地开裂，沉陷变形，地面喷水涌沙，田禾淹没，雪峰震裂，冰川跃动，巨型的山崩滚滚而下，使江河雍阻，森林毁坏，温泉消失，瀑布也荡然无存。墨脱至四境间数百千米的山间路径崩塞，连日飞尘蔽日，烟雾弥漫；南伽巴瓦山、工拉噶波山、工准德木圣山等雪崩不绝；雅鲁藏布江水势暴涨，流入印度阿萨姆邦宽阔平原地带；布拉马普特拉河两岸洪水为患，堰渠冲毁，道路切断，桥梁损坏。两座雪峰大规模雪崩和冰崩也随之产生，南迦巴瓦峰坡的则隆弄冰川下段冰舌突然崩落，冰体加上崩雪，翻越过一段小丘后掩埋了大峡谷进口处不远的直白村，全村100多人死于非命，只有一位正在水磨房磨糌粑的妇女被推到磨盘下，在冰雪窖中靠融水和糌粑坚持了19天，待到冰消雪化，才侥幸生还。

1960年智利大地震

1960年5月21日至6月22日一个多月的时间里,在智利发生了20世纪震级最大的震群型地震,在南北1400千米长的狭窄地带,连续发生了数百次地震,其中超过8级的3次,超过7级的10次,最大主震为8.9级,为世界地震

史所罕见。地震期间,6座死火山重新喷发,3座新火山出现。这次地震导致数万人死亡和失踪,200万人无家可归;码头全部瘫痪,瓦尔的维亚城被淹没,智利国内经济遭受巨大损失,并引发了世界上影响范围最大也是最严重的一次地震海啸。

当5月21日地震刚刚发生时,震动还比较轻微,但这种颤动与以往地震不同的是,它连续不断地发生着。接着,震级一次高于一次,震动也一次比一次

剧烈。仓皇之中,人们摇摇晃晃跑出室外。这时虽然也有一些不太结实的房屋被震塌、震裂,偶然也有慌不择路的人们被压死和砸伤,但一些比较牢固的建筑物还都安然无恙。由于地震开始来势并不那么凶猛,人们还有时间躲避,伤亡人数不多。然而,连续两天持续不断的震荡使人们产生了松懈麻痹情绪,由于破坏程度不大,人们不像开始那样惧怕地震,有人甚至搬进了已被震裂的房屋中居住。5月22日19时11分,忽然地声大作,震耳欲聋,地震波像数千辆隆隆驶来的坦克车队从蒙特港的海底传来。不久,大地便剧烈地颤动起来。这次地震,是世界地震史上一次震级最高、最强烈的地震,震级达8.9级(也有认为震级高达9.5级)。它发生在太平洋智利海沟、蒙特港附近海底,震中为南纬38.2°、西经76.6°,影响范围在南北800千米长的椭圆内。这场超级强烈地震持续了将近3分钟之久,给当地居民带来了严重的灾难。蒙特港是智利的一个重要港口,设施完备先进,具有较强的吞吐能力,但在这场地震的破坏下,所有房屋设施都被震塌,许多人被埋进碎石瓦砾中。

大震之后,忽然海水迅速退落,露出了从来没有见过天日的海底,约15分钟后又骤然而涨,滚滚而来,浪涛高达8~9米,最高达25米,以摧枯拉朽之势,袭击着智利和太平洋东岸的城市和乡村。那些幸存在广场、港口、码头和海边的人们顿时被吞噬,海边的船只、港口和码头的建筑物均被击得粉碎。然后巨浪又迅速退去,把能够带动的东西都席卷一空,如此反复震荡,持续了将近几个小时。太平洋东岸的城市,已经被地震摧毁成了废墟,又频遭海浪的冲刷,那些掩埋于碎石瓦砾之中还没有死亡的人们,却被汹涌而来的海水淹死。太平洋沿岸,以蒙特港为中心,南北800千米,几乎被洗劫一空。

在这次大海啸的灾变中,除智利首当其冲之外,还涉及相当广泛的地区。太平洋东西两岸,如美国夏威夷群岛、日本、俄罗斯、中国、菲律宾等许多国家与地区,都受到了不同程度的影响,有的损失也十分惨重。地震发生后,海啸波以每小时700千米的速度,横扫了西太平洋岛屿。仅仅14个小时,就到达了美国的夏威夷群岛。到达夏威夷群岛时,波高达9~10米,巨浪摧毁了夏威夷岛西岸的防波堤,冲倒了沿堤大量的树木、电线杆、房屋、建筑设施,淹没了大片大片的土地。不到24小时，海啸波走完了大约1.7万千米的路程，到达了太平洋彼岸的日本列岛。此时，海浪仍然十分汹涌，波高达6~8米，最大波高达8.1米。翻滚着的巨浪肆虐着日本诸岛的海滨城市，本州、北海道等地，停泊港湾的船只、沿岸的港湾和各种建筑设施都遭到了极大的破坏。临太平洋沿岸的城市、乡村和一些房屋以及一些还来不及逃离的人们，都被这突如其来的波涛卷入大海。这次由智利海啸波及的灾难，造成了日本数百人的死亡，冲毁房屋近4000所，沉没船只逾百艘，沿岸码头、港口及其设施多数被毁坏。智利大海啸还波及了太平洋沿岸的俄罗斯。在库页岛附近，海啸波涌起的巨浪亦达6~7米，致使沿岸的房屋、船只、码头、人员等遭到不同程度的破坏和损失。在菲律宾群岛附近，由智利海啸波及的巨浪也高达7~8米，沿岸城市和乡村居民遭到了同样的厄运。中国沿海由于受到外围岛屿的保护，受这次海啸的影响较小。但是，在东海和南海的验潮站，都记录到了这次地震海啸引发的汹涌波涛。总之，智利大海啸对太平洋沿岸大部分地区都造成了程度不同的破坏，其影响范围之大前所未有。

1970年秘鲁钦博特大地震

1970年5月31日,秘鲁最大的渔港钦博特市发生7.6级地震。在地震中有6万多人死亡,10万多人受伤,100万人无家可归。钦博特遭受地震和海啸的双重袭击,损失惨重。该市以东的容加依市,被地震引发的冰川泥石流埋没,全城2.3万人被活埋。

当时,由于地质与土质条件和土砖抗震性能极差等主客观原因,房屋等建筑物像豆腐渣一样,纷纷崩解、坍塌;尽管地震时值白天,并有沉闷的"数万汽车发动"似的地声先期提醒,但很多人却仍然来不及逃离,就当即被活埋在断壁残垣中。

与此同时,强大的冲击波震裂了瓦斯卡兰主峰的冰冠,这是秘鲁国境内最高的山峰,海拔6768米,峰顶常年积雪,冰山纵横,导致巨大的冰体坠落,酿变成南美洲甚至世界历史上空前绝后的特大灾害——容加依泥石流毁城大惨案。一块近千平方米的特大冰块,从瓦斯卡兰北峰崩塌,并狂落下坠900多米,撞击在海拔3700米处的冰山和冰河湖中。这无异于一次"太空陨石与地球碰撞"似的惊天大碰撞。惯性溅起来的物体,猛然形成一个巨大无比的物体涡流气旋,旋风量足足有14级的狂暴;大约有一亿吨的冰块、岩石、泥土和冰雪被腾空卷

起，遂又像天女散花似的纷纷坠落。先前没有被撞飞的冰雪岩体，在"二次撞击"下，纷纷崩塌、滑坡，并形成一股前所未有的集结冰雪泥石流，估计约有5000万立方米的冰雪泥石流以320多千米的时速，即一分钟向前推进约5.4千米，咆哮着向山下奔腾而来。10多米厚的泥石流，如巨蟒集结来袭，所经之处，还激荡起无数强劲的气浪和石雨；一块3吨多重的岩石，居然被气浪反弹到600米外。秒速高达100米左右的泥石流越跑越快，像庞大无比的推土机一样铲平了沿途所有的山丘和村庄后，又轻而易举地翻过100多米高的分水岭，时速已高达400千米，一下子"全体"凌空倾倒在容加依城内，当场冲埋2.3万人，创迄今世界历史上冰雪泥石流冲埋死亡人数之最。

至此，容加依城全部毁灭。更令人惊心动魄的是，强大的冲击惯性，使泥石流在覆盖冲埋容城后，还继续向前推进了好几千米，最终流程长达160千米。据震后官方公布，此次地震，除钦博特基本毁灭，楚基卡拉、瓦廉卡半毁灭外，容加依和兰拉西卡也全部毁灭；共计死亡66 794人，10万多人受伤，100多万人无家可归。这是20世纪南美洲在世界地震史上引发的最罕见、最猛烈、最大规模、一次性死亡人数最多的冰雪泥石流的特大灾难性地震。

1976年河北唐山地震

1976年7月28日凌晨3时42分56秒,河北省唐山市发生了7.8级地震。地震震中在唐山开平区越河乡,即北纬39.38°、东经118.11°,震中烈度达11度,震源深度12千米。当天18时45分又在滦县发生了7.1级地震,同年11月15日天津宁河发生了6.9级地震,主震后的余震更加加重了地震灾害。唐山地震无明显前震,余震持续时间长,衰减过程起伏大。

这是中国历史上一次罕见的城市地震灾害。顷刻之间,一个百万人口的城市化为一片瓦砾,人民生命财产及国家财产遭到惨重损失。北京市和天津市受到严重波及。地震破坏范围超过3万平方千米,有感范围广达14个省、市、自治区,相当于全国面积的1/3。地震发生在深夜,市区80%的人来不及反应,就已被埋在瓦砾之下。极震区包括京山铁路南北两侧的47平方千米内所有的建筑物几乎都荡然无存;一条长8000米、宽30米的地裂缝带,横切围墙、房屋和道路、水渠;震区及其周围地区,出现大量的裂缝带、井喷、重力崩塌、滚石、边坡崩塌、地滑、地基沉陷、岩溶洞陷落以及采空区坍塌等。地震共造成24.2万人死亡,16.4万人受重伤,仅唐山市区终身残废的就达1700多人;毁坏公产房屋1479万平方米,倒塌民房530万间;直接经济损失高达54亿元。全市供水、供电、通信、交通等生命线工程全部被破坏;所有工矿全部停产;所有医院和医疗设施全部破坏;地震时行驶的7列客货车和油罐车脱轨;蓟运河、滦河上的两座大型公路桥梁塌落,切断了唐山与天津和关外的公路交通;市区供水管网和水厂建筑物、构造物、水源井破坏严重;开滦煤矿的地面建筑物和构筑物倒塌或严重破坏,井下生产中断,近万名工人被困在井下;唐山钢

铁公司破坏严重,被迫停产,钢水、铁水凝铸在炉膛内;三座大型水库和两座中型水库的大坝滑塌开裂,防浪墙倒塌;410座小型水库中的240座震坏;6万眼机井淤沙,井管错断,占总数的67%;沙压耕地3.3万多公顷,咸水淹地4.7万公顷;毁坏农业机具5.5万余台(件);砸死大牲畜3.6万头,猪44.2万多头。唐山市及附近重灾县环境卫生急剧恶化,肠道传染病患尤为突出。

震后,党中央和国务院迅速建立抗震救灾指挥部。解放军和全国各地的救援队伍、物资源源不断地云集唐山,展开了规模空前的紧张救灾工作,及时控制了灾情,减少了伤亡。市区被埋压的60万人中有30万人自救脱险;解放军各部队出动近15万人;唐山机场一天起降飞机达390架次;京津唐电网3000多人组成电力抢修队;全国13个省、市、自治区和解放军、铁路系统的2万多名医务人员,组成近300个医疗队、防疫队;空运重伤员到外省市治疗,共动用飞机474架次,直升机90架次,共开出159个卫生专列;各级政府及时解决了群众喝水、吃饭、穿衣问题。

国家用于唐山恢复建设的总投资为43.57亿元。历经7年的建设,唐山建成一座功能分区明确,布局比较合理,市政建设比较配套,抗震性能良好,生产、生活方便,环境比较优美的新型城市。震后的建筑物均达到了8度设防,"唐山是世界上最安全的城市"。

2008年,唐山市国民生产总值达到3600亿元,人均GDP 4万元,全部财政收入420亿元,均居河北省首位。全市城镇居民人均可支配收入和农民人均纯收入分别达到16 500元和7000元,人民生活全面接近小康水平。

1985年墨西哥大地震

1985年9月19日，位于墨西哥境内的西太平洋海底，突然发生里氏8.1级大地震，震中烈度为11度，导致远离震中的墨西哥城毁灭近半，震区内死亡3.5万人。

从"世界六大板块划分示意图"可以看出，科科斯板块（即美洲板块）与加勒比板块（即太平洋板块）的构造交接处，刚好处在环太平洋地震带东支中美洲段墨西哥境内。由于两大板块长期处于相互挤压、扭曲（甚至俯冲）的活跃状态，使中美洲大陆地壳内部产生并积敛集聚了巨大应力和能量，从而构成一种严重危及（穿透）该地区岩石承压的强大冲击力。

9月19日凌晨7时19分，在北纬16.5°、西经103°的西太平洋海底，突然传来一阵阵巨大沉闷的隆隆声。刹那间，海面上掀起十几米高的滔天巨浪，地面忽上忽下地剧烈跳动，忽左忽右地猛推狠拉；且持续时间长达4分钟，震中剧烈发震时间也长达90秒，创世界地震史之最。

次日，墨西哥城又接二连三地遭到7.3级、6.5级、5.5级等38次大余震的袭击。地震释放的巨大能量当即震撼了墨西哥的几个沿海州市，甚至远在1770千米外的美国休斯敦摩天大楼也摇晃了起来。奇怪的是，极震区的米烈肯州、格雷那州只有轻微的损失，而400千米外的墨西哥城反倒成了高烈度异震区（约32平方千米），损失十分惨重。

据当时美国驻墨西哥大使约翰·加文现场视察证实："我估计至少有1万人死亡或被埋，到此为止，我不得不认为，这些被埋的人已经死亡，实际死亡是这个数字的两倍。"墨西哥城的所有政治、经济、文化、体育等活动当即陷于瘫痪——地铁停驶，地面铁路、公路交通枢纽中断，通信中断，航空中心关闭；市政设施，面目全非，一片狼藉。市区35%的房屋等建筑有8000多幢遭到不同程度的破坏，其中有300幢全毁；尤其是最能代表墨西哥现代文明的180幢8～22层（10幢为22层）细高型大厦，那时号称"多级抗震大楼"，几乎无一幸免地完全坍塌；尤其是老城区和华雷斯大街等繁华商业区，几乎完全变成"废墟一条街"。煤气管道断裂，市区火灾四起，使灾情更加惨烈。

有位墨西哥政治家和史学家站在废墟上悲痛万分地这样说："1985年9月19日，是我们墨西哥合众国的国难日，它将作为最悲惨的一天载入我们民族和国家的历史。"当天上午，墨西哥当局立组"全国救灾委员会"，总统迈格尔·德拉·马德里坐镇墨城，指挥15万包括军队、警察、医疗救护和专业救灾人员的救灾大军，展开规模浩大的抗震救灾行动。

震后不久，联合国、法国、西班牙、意大利和美国纷纷遣派得力救护人员前往援助。其中，法国和意大利的救援专家带来的"地震狗"，为墨西哥人立下了令人瞩目的功劳。据《震苑奇闻》载：成千上万的人被埋在瓦砾之下，如何快速确定这些人的位置，判断他们是活着还是已经死了，是抢救工作的核心。

当今，虽然已经采取了超声波等先进的方法，但最简便有效的还是"狗导法"。狗灵敏的嗅觉范围可以达到10米，能立刻确定这个范围是否有人，是活着还是死了。有3只狗竟找出了527位压在瓦砾下的受难者。狗不仅能寻找受难者，还能用它那灵巧的身体钻进废墟为被压的人送信、送食物和氧气。狗在墨西哥地震中解救了4096位难民。

有报道说，墨西哥一位地震学家从地质灾害学和物理学角度勘察论证，向世人揭示了一个惊世骇俗的答案：这座拥有1800万人口，号称"世界第二大城市"的墨西哥城是湖泊沉积而成的一个封闭式盆地，南北两边是火山岩。由于过度吸取城市地下水（每小时用水量达223 200立方米），地表与岩石相依托，还较坚固；而市中心的沉积物则无火岩可依，一遇地震，房屋即倒；墨西哥城的高层建筑物自然振动频率与地基土壤振动特性和"9·19"地震波（属传播型，周期为2秒）刚好谐和，产生共振（或谐振），从而加剧了地震烈度。这是20世纪非极震区死亡人数最多的一次灾难性大地震。

地震防范与自救

1988年亚美尼亚大地震

1988年12月7日,位于苏联西南部的亚美尼亚共和国列宁纳坎市附近,突然发生里氏6.9级大地震,震中烈度为10度;导致列宁纳坎和斯皮塔克两大高原城市完全毁灭,5.5万人死亡。

在欧洲东南部高加索高原地区,有一条被地震学家称为"欧亚地震带高加索高原段"的地震活动带。它是从地中海方向过来的,沿黑海、里海、小亚细亚半岛,再进入伊朗国境内。它的地质地壳特性非常怪异,板块接缝呈叠压互挤状态,因而更容易爆发烈度较大的错动,为欧带中比较活跃的一段。

与此同时,1988年间地球物理圈又受到天文潮汐(引力),特别是来自太阳活动(1988年为太阳活动22周黑子数增多年份)的影响冲击,以致全球的地震日频数也随之增多。这与"灾难性地震通常发生在太阳11年活动周期的高峰年份附近(尤其是第四季度)"的著名"辛普松理论"十分吻合。

12月7日上午11时41分,高加索高原城市列宁纳坎和斯皮塔克市,突然传来一阵阵惊天动地的呼啸声,几乎整个高加索高原都在剧烈的震颤中,时间达一分多钟;随后又是一阵几乎是同样猛烈的颠簸。震中附近城市的房屋和建筑物就像散架的积木玩具似的,在一阵阵隆隆声中纷纷东倒西歪。顷刻间,黄烟四起,直冲云天,地震释放了一分多钟的能量,又引起地面强大的气旋横流;风卷黄烟,搅得高加索高原昏天黑地,什么东西也看不清楚,犹如"世界末日"突然来临。

有纪实报道曾这样描述:在拥有29万人的列宁纳坎市,地震把"这里变成了一座充满死亡与绝望、尘土弥漫的巨大废墟。一片挨着一片的新建9层住宅

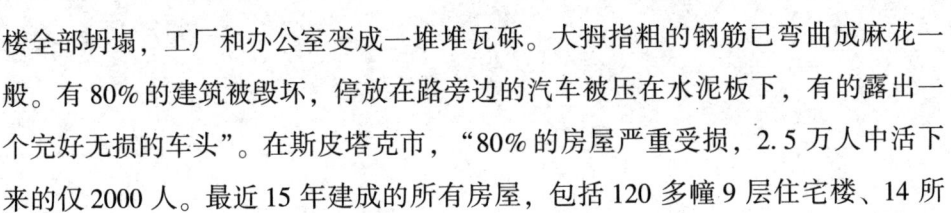

楼全部坍塌，工厂和办公室变成一堆堆瓦砾。大拇指粗的钢筋已弯曲成麻花一般。有80%的建筑被毁坏，停放在路旁边的汽车被压在水泥板下，有的露出一个完好无损的车头"。在斯皮塔克市，"80%的房屋严重受损，2.5万人中活下来的仅2000人。最近15年建成的所有房屋，包括120多幢9层住宅楼、14所中小学和许多工厂企业，全都变成废墟"。

当天下午，部长会议主席雷日科夫立组"苏共中央政治局救灾委员会"，并立即飞抵主震区指挥救援。尽管列市市长格拉科扬在12时15分左右（即震后半小时）就迅速做出反应，及时展开救援工作，但灾民伤亡仍然十分惨重。加之，"最初的救援工作组织得不好，震后的头三四天时间白白浪费了，上千名生存者未能获救"。"灾区的抢救工作近乎'全盘混乱'，有250人被埋在计算机研究所大楼的废墟里，可是只有极少人活着出来"。整个救灾现场，除了死尸，还是死尸，横七竖八，遍地狼藉，惨不忍睹。

有记者感叹说："眼前的这种悲惨场面，真不忍心将它们拍摄下来！"当时正在美国纽约访问的苏共总书记戈尔巴乔夫闻讯后，立即中断访问，急速飞返国内，指挥抗震救援。

当戈尔巴乔夫偕夫人赖莎在列市视察慰问时，许多灾民（包括地质地震专家）几乎是同一口径地提出这样一个令人不得不深思的问题：地震强度与建筑物破坏程度和死亡人数（包括伤残）完全不成比例。震后几乎完全坍塌的是20世纪80年代以来新建的现代化高层建筑物，而大部分五六十年代建造的楼房和居民自建平房竟然奇迹般的成了"不倒翁"。被称为"铁腕总统"的戈尔巴乔夫也警觉到这既是天灾又是人祸。

1989年春天，戈氏亲自挂帅专门调查委员会，全力开展肃查制造豆腐渣工程的不法分子。尽管救灾委员会先后调集6000多架次军、民用飞机抢救，但最终的死亡人数仍然高达5.5万人，重伤1.3万人，51万人无家可归，直接经济损失高达85亿卢布。这是20世纪地震震级与死亡人数比例错位倒挂的典型灾难性大地震。

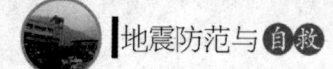 

1999 年台湾 9·21 大地震

　　台湾 9·21 大地震，是 20 世纪末期台湾最大的地震，发生时间为 1999 年 9 月 21 日凌晨 1 点 47 分，震中在北纬 23.87°，东经 120.78°，即在日月潭西偏南方 9.2 千米处，也就是位于台湾南投县集集镇车笼埔断层上面。其规模高达里氏 7.3 级，震源深度 8 千米，美国地质调查局测得地震震级为 7.6 级。该震被称为 9·21 大地震或集集大地震。此次地震是因车笼埔断层的错动，并在地表造成长达 105 千米的破裂带。全岛均感受到严重摇晃，共持续 102 秒。

　　地震发生后的转眼工夫，美丽富饶的台湾宝岛便成了残破不堪的灾难苦岛。极震区的南投县及以东的集集、埔里一带和日月潭附近，遭到前所未有的极端破坏；房屋等建筑物坍塌无遗，到处是断壁残垣，完全是一大片废墟。从台岛灾区传出的消息看，灾情十分惨重，交通中断、通信中断、供电中断，整个台岛几近瘫痪。几乎所有媒体的报道和描述都以"残山残水残梦""剩下的只有废墟"和"极度绝望与沮丧"来形容。

　　在震中南投、埔里，几乎所有房屋"像风筝一样从空中往下坠落"，在梦中的人们甚至来不及做任何躲避，就被压在瓦砾之下；乌溪桥、军功桥等多处桥面断裂或凸起，交通全面中断；集集火车站全毁，数百幢房屋全毁，一家老小全被活埋的悲惨事件多达数十起；在日月潭，天水相连的美景已残破

不堪；草屯镇九九峰山头因地震影响而变得光秃一片；中兴新村的大楼全倒；国姓乡九份二山大崩坍，将近40名村民活埋在大批土石底下；埔里镇约有400多栋房屋倒塌，死亡人数超过180人；埔里酒厂因地震而发生爆炸；位于双冬断层上的中寮乡，死亡人数178人；位于中寮乡的台电超高压及一次输电铁塔共计18座全倒或半倒，而输电枢纽地位的中寮超高压开闭所共有34具超高压输电线比压器及47具避雷器掉落损毁；竹山镇有多栋大楼倒塌，竹山秀传医院外墙龟裂，慈山医院大楼也受损。

台湾9·21大地震发生当日，余震相当多，一周内余震数已达8000次，其中6级以上强震8次，至11月21日余震数已高达14 428次；地震复杂度和灾情严重度完全超出科学家们的想象和预计。

为了纪念这次地震灾难，台湾将每年的9月21日定为防灾日，此外在被震毁的台中县雾峰乡光复国中原址设立"九二一地震教育园区"。

2008年四川汶川大地震

2008年5月12日14时28分，四川汶川县（北纬31.0°，东经103.4°）发生8.0级特大地震，震源深度14千米。

汶川8.0级特大地震自初始破裂点（微观震中）沿龙门山断裂带向北东方向延伸，中央断层破裂长度约200千米，前山断层破裂约50千米。该次地震的震害特征主要表现为：强烈的地面破坏，顷刻之间使山河面貌改观。强地面震动导致大量建筑物、构筑物毁坏或破坏。地表破裂导致建筑物及工程设施撕裂或倒塌。次生灾害严重，由于地震发生在四川北部山区，特殊的地质条件、强震动及地表破裂造成地震地质灾害：崩塌、滑坡、泥石流造成大量生命损失，由滑坡和泥石流堵塞江河形成的堰塞湖给下游的人民生命财产构成了严重威胁。此次地震及其频繁发生的余震，使四川阿坝、绵阳、德阳、广元、成都、雅安和甘肃、陕西部分地区受灾严重。截至2008年9月1日，四川汶川地震已造成69 226人遇难，17 923人失踪，374 643人受伤，受灾总人口达4624万人。

2011 年东日本大地震

2011 年 3 月 11 日，日本当地时间 14 时 46 分，日本东北部海域发生里氏 9.0 级地震并引发海啸，造成重大人员伤亡和财产损失。地震震中位于宫城县以东太平洋海域，震源深度 20 千米。东京有强烈震感。地震引发的海啸影响到太平洋沿岸的大部分地区。地震造成日本福岛第一核电站 1~4 号机组发生核泄漏事故。4 月 1 日，日本内阁会议决定将此次地震称为"东日本大地震"。

此次日本东北地区宫城县北部发生的里氏 9.0 级地震，恐为日本有地震记录以来发生的最强烈地震。而由于地处地壳板块交界处，日本一直是一个地震频发的国家，历史上造成重大伤亡的地震也不计其数。

北京时间 2011 年 3 月 11 日 13 时 46 分 26 秒，日本当地时间 14 时 46 分 26 秒，发生在西太平洋国际海域的里氏 9.0 级地震，震中位于北纬 38.1°，东经 142.6°，震源深度约 10 千米，属浅源地震。据统计，自有记录以来，此次的 9.0 级地震是全世界第三高，1960 年发生的智利 9.5 级（也有 8.9 级之说）地震和 1964 年阿拉斯加 9.2 级（也有 8.8 级之说）地震分别排第一和第二。

日本气象厅随即发布了海啸警报称地震将引发约 6 米高海啸，修正为 10 米。根据后续调查表明海啸最高达到 24 米。

北京小部分区域偶有震感，但对中国大陆不会有明显影响。不过，此次地震可能引发的海啸将影响太平洋大部分地区，由于此次地震发生在西太平洋，距离中国大陆比较远，且中国大陆架性质决定了在这段距离中有一片相对较浅的海域，所以对大陆不会有明显影响。

此次地震震级的测定，日本气象厅最初定级为 7.9 级，随后立即更正为 8.4

级、8.8级、8.9级，又回调到8.8级，最后定级为9.0级；中国地震局网一开始发布的是里氏8.6级地震；美国地质勘探局发布的是8.8级，随后不久美国地质勘探局将西太平洋当天发生的地震震级从里氏8.8级改正为里氏8.9级，3月14日最后定为9.0级。

截止2011年12月22日，3月11日发生的日本大地震及其引发的海啸已确认造成15 843人死亡、3469人失踪。

此次地震导致地面下沉，日本岛地震震区沿海部分地区沉到海平面以下，沉没部分面积相当于大半个东京。

日本地震研究机构方面汇总了全球各方面的信息。2011年3月13日，日本气象厅将西太平洋大地震震级修正为里氏9.0级。

在此次大地震前，该区域陆续发生不同规模的地震。据太平洋海啸警报中心测定，2011年3月9日10时45分（北京时间），日本本州岛东部海域（38.3°N，143.3°E）发生7.2级地震。日本东京都当地的震感为3级，地震过程持续了1分钟左右，地震已经在震源附近引发了区域海啸。当天11时11分，日本本州岛OFUNATO站监测到了0.54米的海啸波。在3月11日9.0级大地震后，研究人员豁然发现3月9日的7.2级大地震是本次9.0级大地震的前震，这打破了有观测史以来同一地区发生7.0级地震之后不可能再有更高地震的记录。日本福岛以东西太平洋海域已受核事故影响。